優渥叢書

優渥叢書

優渥叢書

秒懂AI提問

讓人工智慧提升
你的工作效率

秋葉、劉進新、姜梅、定秋楓◎著

目錄

| 第 1 章 |

入門：
最常用的 6 種提問方法

1-1 指令式提問：提問越清楚，回答更明確 008
【案例1】職場工作：讓 AI 協助制訂工作計畫
【案例2】教案指導：一鍵生成培訓大綱

1-2 角色扮演式提問：賦予 AI 身份，專界人士來解答 020
【案例1】課堂教學：用 AI 幫助老師提升教學效果
【案例2】商務談判：讓 AI 成為你的談判專家
【案例3】心理輔導：讓 AI 幫你排解心中的煩惱
【案例4】遊戲設計：讓 AI 設計角色對話

1-3 關鍵字提問：使回答更具體更精確 034
【案例1】SEO（搜尋引擎優化）：讓 AI 強化關鍵字
【案例2】數據分析：讓 AI 快速分析關鍵資訊

1-4 示例式提問：讓 AI 快速理解你的需求 044
【案例1】職場寫作：AI 教你掌握寫作關鍵
【案例2】創意設計：用 AI 靈活模仿設計風格

1-5 引導式提問：用 AI 生成更多創意 058
【案例1】專家顧問團：讓 AI 成為你的超級智囊團
【案例2】職涯規劃：讓 AI 成為你的職場導師

1-6　發散式提問：讓AI打破固定的思考模式　*067*
　　【案例1】資料搜尋：快速獲取海量素材
　　【案例2】腦力激盪：生成有創意的金點子
　　【案例3】教學培訓：拓廣學生的思維能力

| 第 2 章 |

進階：
讓 AI 為你解決棘手問題

2-1　問答式提問：讓AI回答指定問題　*078*
　　【案例1】知識查詢：用AI輕鬆學習各門學科
　　【案例2】語言學習：用AI有效提升外語能力

2-2　摘要式提問：快速壓縮長篇資訊　*085*
　　【案例1】整理知識庫：讓知識庫條理清晰
　　【案例2】梳理目標計畫：讓工作更有計畫性

2-3　對話式提問：讓溝通更加人性化　*094*
　　【案例1】小說創作：真實對話使讀者身歷其境
　　【案例2】客戶服務和諮詢：模擬對話生成問答手冊

2-4　資訊一致性提問：確保答案不「跑偏」　*101*
　　【案例1】資訊查核：讓AI檢查出錯誤內容
　　【案例2】訊息比對：讓AI利用自身資料庫比較內容

2-5 資訊整合提問：高效整合資料並解決問題　*110*
　　【案例1】投資決策：讓 AI 幫你分析股票投資價值
　　【案例2】旅遊規劃：整合資訊，規劃旅遊行程
　　【案例3】故障診斷：幫助檢查和解決問題

2-6 多項選擇提問：立即決策，告別選擇障礙　*120*
　　【案例1】產品推薦：讓 AI 幫你擺脫選擇障礙
　　【案例2】市場調研：讓 AI 做好趨勢分析
　　【案例3】考試命題：幫老師快速出好一份試卷

2-7 約束式提問：精準獲取所需內容　*128*
　　【案例1】專案管理：限制 AI 條件引導思考
　　【案例2】文藝創作：生成特定風格的作品

2-8 對立式提問：抵禦攻擊和偏見的武器　*136*
　　【案例1】家庭教育：讓 AI 分析孩子的思考方式和行為
　　【案例2】商業談判：讓 AI 幫助制定談判策略
　　【案例3】科技創新：讓 AI 提供產品創新解決方案

2-9 歸納式提問：把訊息分組，更容易吸收　*148*
　　【案例1】學術研究：讓 AI 整理學術文獻
　　【案例2】教學輔導：讓 AI 幫助提升學習效果
　　【案例3】藝術領域：讓 AI 成為藝術顧問

| 第 3 章 |

精通：把 AI 變成你的萬能助手

3-1 循環式提問：把AI進化升級，回答更完美　*162*
　【案例1】教學培訓：提升授課內容和品質
　【案例2】衝突解決：讓AI協助解決家庭教育問題

3-2 反覆式提問：讓回答越來越合你口味　*169*
　【案例1】電商領域：分析數據，改進推薦演算法
　【案例2】遊戲開發：根據玩家資料，提升使用滿意度

3-3 進階式提問：循序漸進處理複雜訊息　*180*
　【案例1】健身指導：借助AI制定科學的健身計畫
　【案例2】金融風險評估：借助AI做風險評估
　【案例3】產品研發：讓AI生成產品設計方案

3-4 情緒分析提問：讓AI更有「人情味」　*190*
　【案例1】企業招聘：讓AI幫你聘僱合適的員工
　【案例2】心理諮詢：幫助患者更有效應對情緒問題

3-5 複合型提問：獲取多層面的資訊　*195*
　【案例1】文章創作：讓AI幫你提升文章可讀性
　【案例2】歷史研究：讓AI幫你理解前因後果

本書中所有金額，皆指人民幣。

第 1 章

入門
最常用的6種提問方法

秒懂 AI 提問：讓人工智慧提升你的工作效率

1-1
指令式提問：
提問越清楚，回答更明確

　　想要駕馭 AI，就要掌握與 AI 對話的技巧。從某種角度來看，和 AI 對話就像指派下屬任務一樣。面對同樣的任務、同樣的下屬，懂得指派任務的主管，更容易帶領下屬完成工作。

　　來看看以下的案例。公司要求完成一個宣傳專案，兩位主管都指派了下屬任務，如果你是那名下屬，較容易完成哪個主管所指派的任務？

一般主管

　　「我們最近和ＸＸ品牌合作，要出一個宣傳專案，你來做一下，後天給我。」

優秀的主管

「最近××品牌要和我們合作。馬上就是五一勞動節了,他們想以勞動節結合新產品為主題,做一個節日宣傳專案,以帶動這款新產品的銷量。活動主要針對25~35歲的女性族群,包含節日共三天。專案以PPT呈現,不要超過10頁,週五下午6點前將專案給我。」

優秀的主管所指派的任務,是否看起來更容易完成?因為該主管提供的訊息完整、要求清楚,下屬一聽就知道任務是什麼。否則就得花費許多時間,再次確認這個專案的具體要求。

當主管明確指出期望的結果、工作標準以及截止時間,下屬能更完整理解任務要求,不僅可以提高工作效率,還能避免不必要的誤解和拖延。

同理,向AI提問時,下的指令越清楚和具體,得到的結果越接近自己的期望。

> **Tips**
>
> 所謂指令式提問,就是提問者明確設定問題範圍以及對回答的要求,經由精確、具體的指令,引導AI生成符合預期的、更有針對性的訊息。

秒懂 AI 提問：讓人工智慧提升你的工作效率

什麼才是好的指令呢？以四大原則供大家參考。

1. 結構清楚
下達指令前，我們可以借助經典結構（比如常用的 5W，見下頁表格），讓自己的表達更有邏輯、更順暢，從而形成清楚的指令。

2. 重點突出
越是想表達出清楚的需求，可能導致指令的內容越多。指令一複雜，就不利於 AI 去理解提問者的需求。這時可以藉由換行，來突顯出重要的指令。

3. 語言簡練
多用短句、少用長句，有助於精簡訊息。

4. 易於理解
儘量使用量化或具體場景的詞彙，尤其希望達到某種效果的時候。比如當我們想控制篇幅時，比起下「不要太長」這個指定，明確提出「控制在 300 字以內」，更容易讓 AI 理解。

了解了以上原則後我們會發現，掌握一些常用的結構化提問思路，是善用指令式提問的關鍵。接下來我們就結合實際場景，來看看指令式提問的魅力。

參考結構：5W

英文單詞	中文解釋	提問啟發
Why	何故	做這件事的原因是什麼
What	何事	這件事具體是什麼事
Who	何人	這件事有哪些人參與或面對誰
When	何時	這件事什麼時候做或何時截止
Where	何地	在哪裡做這件事

❖ 場景1：寫行銷活動案

小李在一家廣告公司擔任行銷專員，最近公司和一個牙刷品牌合作，要小李撰寫針對五一勞動節的活動專案，來增加新品銷量。小李沒有想法於是想求助AI，我們來看看給AI不清楚的指令和清楚的指令，會得到怎樣不同的效果。（僅展示AI回答的部分內容）

不清楚的指令（Before）	❓ 我們最近要和某牙刷品牌合作，請幫我為這款牙刷，寫一個五一勞動節的行銷活動企劃案。 🅰 一、活動背景（具體內容，略） 二、活動目標（具體內容，略） 三、活動企劃（具體內容，略） 四、活動預算（具體內容，略） 五、活動效果評估（具體內容，略） 六、總結（具體內容，略）

（接下頁）

清楚的指令 （After）	❓（Why）最近我們要和某牙刷品牌合作，馬上就是五一勞動節，對方要我們提供一個行銷活動企劃案。 （Where）這個行銷活動會在線上××平台進行，且主要在對方的自營店宣傳。 （What）需要你幫我寫一個行銷活動企劃案，此劃案要包含五一假期，為期3天的活動主題以及宣傳方案細節。 （Who）活動主要針對25～35歲的職場白領，賣點為出差方便攜帶、刷頭方便替換及充電一次可使用一個月。 （When）專案需要在4月15日下午6點前提交。
	🅐 活動企劃案：五一勞動節期間某牙刷品牌行銷活動 一、活動背景（具體內容，略） 二、活動時間4月29日～5月1日 三、活動內容 第一天：4月29日 主題：出差「神器」，輕鬆帶走（具體內容，略） 第二天：4月30日 主題：輕鬆更換，換刷無憂（具體內容，略） 第三天：5月1日 主題：充電一次，續航一個月（具體內容，略） 四、宣傳方案（具體內容，略） 五、活動效果評估（具體內容，略）

可以很明顯看到，下達清楚的指令後，AI的回答更符合提問者的需求，也更容易實行了。以下再展示幾個不同場景的應用案例，以便大家更理解什麼是清楚的指令。

❖ 場景 2：下文章標題

不清楚的指令 （Before）	❓ 請幫我根據「人工智慧對職場溝通的影響」這個選題，撰寫幾個文章標題。
清楚的指令 （After）	❓ 請幫我根據「人工智慧對職場溝通的影響」這個選題，來撰寫 10 個文章標題，有以下 4 點要求。 1. 標題中要有具體的讀者群體。 2. 針對讀者群體的需求，提供有價值的資訊。 3. 讀者群體：含創業者、行銷人員、商務寫作人群等。 4. 每個標題不超過 25 字。

❖ 場景 3：生成社群文案

不清楚的指令 （Before）	❓ 我想在社群中向朋友推薦×××產品，請幫我寫個文案。
清楚的指令 （After）	❓ 我想在社群中向朋友推薦×××產品。請用以下的架構幫我寫一個推薦購買×××產品的文案，控制在 150 字左右。 一、問題陳述 二、情感引導 三、解決方案 四、行動號召 五、強調意義

指令式提問的應用場景非常廣泛，是很常用的 AI 提問方法。下面繼續展示一些案例，以便大家舉一反三，學會訓練 AI。

❖ 場景 4：撰寫會議議程

不清楚的指令 （Before）	❓ 幫我寫一個會議議程。
清楚的指令 （After）	❓ 請幫我寫一個會議議程，要求按照以下格式。 1. 會議開場 2. 上半年工作總結 3. 專案進展彙報 4. 活動介紹 5. 會議討論 6. 會議決議 最後請以表格呈現。

❖ 場景 5：創作短影片腳本

不清楚的指令 （Before）	❓ 幫我寫一個家庭教育方面的短影片腳本。
清楚的指令 （After）	❓ 幫我創作一個吸引人的短影片腳本，要求如下。 1. 短片主題：家庭教育中，如何避免孩子養成討好型人格。 2. 目標受眾：6～15歲階段孩子的父母。腳本要能讓他們意識到討好型人格的危害，以及如何鑑別和避免。 3. 短片時長：1分鐘。 4. 短片風格：以情景劇和知識講解，這兩者結合的形式。

AI 雖然任勞任怨、不會發脾氣、不會提出抗議，但是如果接收到的指令不清楚，它只能把工作做到 60 分，甚至不及格的水準。

> **Tips**
>
> 問題不是出在AI身上：不會提問的人，得不到好的答案。

實用案例

在指令、命令或請求非常明確的情況下，適合使用指令式提問，但提問者要能提供明確訊息和具體要求。

因此，指令式提問適合需求非常具體、工作內容偏標準化的人士使用，或在有工作規範的場景中使用。提問者在以下場景中，可以使用指令式提問，以獲得更符合需求的回答。

1. 職場工作：讓AI協助制訂工作計畫

你是否往往很清楚工作目標和現狀，但自己制訂工作計畫時，卻覺得思路受限？這時不妨考慮讓AI幫你出謀劃策。推薦運用以下的SCQA模型來梳理思路，能給AI更清楚的指令。

如何用SCQA模型對AI進行提問呢？來看看下面的案例：假設你是某公司的銷售總監，已經確定第二季度的銷售目標為500萬元，應該如何制訂銷售方案呢？來看看下面的提問和回答。

秒懂 AI 提問：讓人工智慧提升你的工作效率

參考結構：SCQA模型

簡要解釋	提問啟發
Situation（情景）：事情發生的背景訊息	任務背景是什麼？
Complication（衝突）：理想與現實的差距	有什麼已有的素材或訊息？
Question（疑問）：當前要解決的問題或要完成的任務	現在要完成什麼任務？
Answer（回答）：提供的解決方案	有哪些參考案例？

> ❓（**任務背景**）公司目前要制訂第二季度的工作計畫，請根據以下訊息，幫助我們拆解任務，制訂詳細的行動計畫。
> （**已有素材**）目前公司主要銷售的產品是價值999元／人的課程，有1萬名老客戶。
> （**當前任務**）我們的任務：第二季度銷售業績達到500萬元。請根據公司現狀，制訂幾套可選擇的方案，幫助我們完成任務。
> （**參考案例**）每套方案中需提供參考案例。
>
> 🅰️ 根據您提供的訊息，我將為您制訂幾套可選擇的方案，並提供相應的執行參考案例，以幫助您完成第二季度的銷售目標。
> 方案一：提高產品銷售量
> 目標：增加產品銷售量，以提高銷售業績。
> 行動計畫如下。
> a. 銷售團隊培訓：為銷售團隊提供專業的銷售技巧培訓，以增強其銷售能力和與客戶溝通的能力。
> b. 促銷活動：設計吸引力強的促銷活動，如打折促銷、提供贈品、回購享優惠等，以吸引新客戶和激發老客戶的回購意願。
> c. 關懷老客戶：建立客戶關係管理系統，定期與客戶進行互動，提供個性化的服務和專屬優惠，以增加客戶忠誠度和提升客戶回購率。
> d. 開發新客戶：經由市場推廣、線上線下宣傳等方式吸引新客戶，擴大潛在客戶群體。

（接下頁）

> e. 數據分析:利用分析銷售數據,來了解銷售情況、客戶偏好等,以調整銷售策略和提升銷售效果。
>
> 參考案例:某公司藉由異業合作舉辦線下研討會,吸引潛在客戶參與。在研討會上,該公司提供精準定位的演講和案例分享,以吸引客戶並建立信任感。同時,在研討會期間提供限時優惠,以促使客戶購買。
>
> (更多內容,略)

可以看到,當我們有非常清楚的任務訊息或需求時,經由指令式提問的方法向 AI 進行提問,能獲得更全面、更匹配的答案。

2. 教案指導:一鍵生成培訓大綱

指令式提問因為訊息明確,非常適合應用於規劃培訓課程,如幫助講師撰寫培訓大綱、培訓教案等。講師確定主題後,可以借助黃金三點法向 AI 進行提問,快速得到一份合格的培訓大綱。

參考結構:黃金三點法

簡要解釋	提問啟發
是什麼?	現在要完成的任務是什麼?
為什麼?	完成這個任務的目的是什麼?
怎麼做?	關於完成任務的要求有哪些?

如何用黃金三點法對 AI 進行提問呢?來看看下面的案例:假設你是一位講師,要對企業開授一場關於直播的培訓,你該如何向 AI 進行提問呢?來看看下面這個示例。

❓(**是什麼?**)假設你是一位講師,現在要對企業進行一場以「直播帶貨」為主題的培訓。
　(**為什麼?**)培訓的目的:
1. 讓企業員工意識到直播帶貨的重要性。
2. 讓企業員工能夠上手直播,掌握基本的直播技巧。
　(**怎麼做?**)培訓大綱需要滿足以下 3 個要求:
1. 時間為 2 天,大綱需結合授課時間作規劃。
2. 標題需呈現至 3 個層次,包含培訓的具體內容。
3. 大綱要包含學員實際操作的環節和時間。

🅐 培訓主題:直播帶貨
培訓時間:2 天

第一天
第一部分:直播帶貨的重要性(1 小時)
1.1 直播帶貨概述及其趨勢(30 分鐘)
　　直播帶貨的定義和發展歷程
　　直播帶貨對於電商行業的重要性和前景
　　直播帶貨的成功案例和效果分析
1.2 直播帶貨的商業價值(30 分鐘)
　　直播帶貨對企業銷售額的提升作用
　　直播帶貨在品牌傳播和增強用戶黏性方面的優勢
　　直播帶貨對產品推廣和市場拓展的貢獻
第二部分:直播帶貨基礎知識和準備(2.5 小時)
2.1 直播帶貨的基本流程和關鍵環節(30 分鐘)
　　直播帶貨的基本流程和步驟
　　直播帶貨的核心要素和關鍵環節

(接下頁)

第 1 章　入門：最常用的 6 種提問方法

2.2 主題和產品準備（1 小時）
　　如何選擇適合直播帶貨的主題或產品
　　如何準備產品和演示素材，增強直播效果
2.3 直播平台和工具介紹（1 小時）
　　直播平台的特點和選擇
　　直播帶貨所需的基本工具和設備介紹
　　實操：使用直播平台和工具進行直播帶貨
（更多內容，略）

注意事項

1. 指令越清楚、越具體，AI 的回答越精準。
2. 想要下一個好的指令式提問，可以多積累好的提問結構，幫助自己梳理真實需求，從而進行更清楚的表達。
3. 在工作中遇到不確定寫作結構的情況，比如撰寫會議記錄、公文等，可以讓 AI 提供寫作架構，再讓 AI 用這個架構生成相應的內容。

1-2
角色扮演式提問：
賦予AI身份，專業人士來解答

試想一下，當我們遇到問題或想學習某一個領域的知識時，會傾向詢問完全沒有經驗的小白，還是經驗豐富的專家？

比如，當想找人幫自己制訂一個健身計畫時，你會找下面的哪個人？

A. 大學生

B. 健身教練

相信大多數人都會選擇有相關經驗的健身教練。如果說前一節的「指令式提問」，是適合很了解自己需求的人；那麼使用「角色扮演式提問」，就是讓AI變成專

家,而角色的轉變會大大提升AI的回覆品質,神奇吧!

但或許你會懷疑:賦予AI專家身份,它就真的能成為專家嗎?

沒錯!因為AI擁有強大的資料庫,當使用者和AI對話時,使用者下的每一個指令,其實都是在調用AI資料庫中的訊息。使用者下的指令越明確,AI調用出來的訊息越精準。

當提問者賦予AI特定身份時,AI也會匹配出更符合該身份的資料庫訊息。因此,如果想要AI更專業地完成一項特定任務,可以先賦予它專家身份。

使用角色扮演式提問時,提問者要先確定AI所扮演的角色,並清楚地表達。提問者可以使用一些句型,幫助AI理解它將要扮演的角色,例如:

> 我想讓你扮演一名××××
> 假設你是××××
> 請你擔任××××
> 你是一位××××

我們來看看下面的案例。(僅展示AI回答的部分內容)

秒懂 AI 提問：讓人工智慧提升你的工作效率

❖ 場景 1：讓 AI 生成食譜

未賦予身份 （Before）	❓請幫我設計兩人份的素食食譜。 🅰️當然可以！以下是為兩人設計的素食食譜，包括前菜、主菜和甜點。希望你們會喜歡！ **前菜／涼拌小黃瓜** 材料：小黃瓜 2 根、大蒜 3 瓣 步驟：將小黃瓜洗淨切成片，放入盆中（更多內容，略） **主菜／豆皮高麗菜卷** 材料：豆皮 4 張、高麗菜半顆 步驟：香菇、豆皮和高麗菜切絲，薑切末（更多內容，略） **甜點／香蕉奶昔** 材料：香蕉 2 根 （更多內容，略）
賦予身份 （After）	❓假設你是一名營養師，請設計一份兩人素食食譜。 🅰️當然可以！以下是一份為兩人設計的素食食譜，包括早餐、午餐、晚餐和點心，旨在提供豐富的營養，包括蛋白質、膳食纖維、維生素和礦物質。 **早餐** 燕麥粥（配以藍莓、香蕉和堅果） 一杯豆漿或杏仁奶 **午餐** 藜麥沙拉：煮熟的藜麥，切碎的彩椒、紫洋蔥、黃瓜、櫻桃番茄、酪梨和菠菜，可加入羅勒、薄荷或香菜。 **晚餐** 糙米：搭配咖哩，可提供更豐富的營養和口感。 花椰菜和紅蘿蔔：可用一點橄欖油、檸檬汁和黑胡椒調味。

（接下頁）

22

第 1 章　入門：最常用的 6 種提問方法

> 點心
> 堅果和果乾：杏仁、核桃、腰果和葡萄乾等。
> 蔬菜配四季豆：紅蘿蔔、黃瓜和芹菜等搭配四季豆。
> 請注意，這份食譜適用於素食者，您可以根據個人喜好和營養需求做調整。如有特殊飲食需求或過敏症狀，請諮詢專業營養師。

　　從場景 1 可以很容易看出，為 AI 賦予營養師的身份後，所提供的素食建議，更符合提問者的真實需要。再看看其他場景下使用一般的提問方法，與使用角色扮演式提問 AI 的回答，兩者得到的回答區別也很大。（僅展示 AI 回答的部分內容）

❖ 場景 2：新媒體選題策劃

未賦予身份 （Before）	❓ 最近 AI 應用很熱門，我想針對 AI 在新媒體寫作方面的應用做介紹。請你提供 10 個相關的新媒體文章選題。 🅰 1. AI 在內容行銷中的實際應用與案例分析 2. 利用 AI 進行新聞報導與社論寫作的探索 3. AI 與人類的完美結合：探索新媒體寫作的新方式 4. 利用 AI 提升社交媒體平台內容策劃和運營效率 （更多內容，略）
賦予身份 （After）	❓ 你是一位資深的新媒體文案創作者。最近 AI 應用很熱門，我想針對 AI 在新媒體寫作方面的應用做介紹，請提供 10 個相關的新媒體文章選題。

（接下頁）

秒懂 AI 提問：讓人工智慧提升你的工作效率

> 🅰 1. 如何利用 AI 優化內容，提升新媒體創作效率
> 2. 新媒體行銷：AI 如何提升品牌故事的吸引力
> 3. 新媒體寫作助手：AI 如何助力個人品牌建設
> 4. 提升內容品質：AI 助你優化新媒體文章的結構
> （更多內容，略）

❖ 場景 3：制訂健身計畫

未賦予身份 （Before）	❓ 請幫我制訂一個健身計畫。 🅰 這個健身計畫為期 6 週，每週進行 5 次訓練，每次時長約 45 分鐘。項目包括有氧運動、重力訓練和拉伸，以實現全面的健康狀況改善。 以下是每週的訓練安排。 週一：有氧運動、核心訓練 週二：有氧運動、上肢力量訓練、拉伸 週三：有氧運動、拉伸、下肢力量訓練 週四：有氧運動、拉伸、核心訓練 週五：有氧運動 週六和週日：休息
賦予身份 （After）	❓ 假設你是我的私人健身教練，請幫我制訂一個健身計畫。 🅰 以下是一個為期 8 週的健身計畫，每週包含 5 天訓練，2 天休息。該計畫將結合有氧運動和重力訓練，來幫助您達成健身目標。 週一：有氧運動＋重力訓練 週二：有氧運動 週三：休息 週四：有氧運動＋重力訓練 週五：有氧運動 週六：休息 週日：有氧運動

（接下頁）

> 在完成前面 8 週的訓練後,您應該已經看到一定的成果,且體能明顯提高。
> 接下來,我還可以為您提供一份進一步的健身計畫,以便您在接下來的 8 週裡取得進展。這份計畫將增加鍛鍊的強度和頻率,同時仍包含有氧運動和重力訓練。

以下表格列出更多使用角色扮演式提問的例子,相信一定可以打開大家的提問「腦洞」。

賦予的身份	參考指令
會計	我想讓你扮演一名專業會計,為小企業制訂一個財務計畫,重點是節省成本
詩歌創作者	你現在是一位非常優秀的現代詩歌創作者,請你以「夢想中的未來」為主題寫一首詩歌
校對人員	我想讓你擔任校對人員。我會提供文本,希望你審查文本的書寫、語法或標點符號等方面的錯誤。當你完成文本檢查,請給我必要的修改建議
數學老師	我想讓你扮演一名數學老師。我會提供一些數學公式或概念,請用通俗易懂的語言解釋它們。我的第一個請求是:幫助我理解「機率」這個概念
編劇	我想讓你擔任編劇。你將為故事片或網路連續劇創作一個吸引人的、有創意的劇本。我的第一個要求:寫一個以巴黎為背景的浪漫電影劇本

秒懂 AI 提問：讓人工智慧提升你的工作效率

實用案例

使用角色扮演式提問時，提問者藉由讓 AI 扮演專家的方式來獲得更優質的回答，從而解決問題。

一方面，角色扮演式提問非常適用於有專業門檻領域，或需要一定專業能力才能進行的任務，比如設計食譜、制訂健身計畫等。

另一方面，賦予 AI 身份可能會得到意想不到的回答，因此角色扮演式提問也適用於需要想像力的領域，比如遊戲對話設計、小說創作等。以下提供更多應用案例。

1. 課堂教學：用 AI 幫助老師提升教學效果

使用角色扮演式提問，老師們不僅能發現學生的學習困難，還可以進一步找到解決這些難點的方案。因此老師在備課時，就可以針對這些難點先做準備，達到更好的教學效果，看看下面這個提問示範吧！

第一步，讓 AI 扮演學生，指出學習難點。

> ❓ 我想讓你扮演一名大一學生。我會告訴你課程內容，告訴我作為學生的你可能會遇到的困難，可以嗎？
>
> 🅰️ 當然可以！作為一名大一學生，我很願意幫助你了解我在學習中可能會遇到的難點。請告訴我你的課程內容，我將盡力為你提供相關訊息。

（接下頁）

> ❓ 我是一名教授傳播學的大學老師，即將為你講解「拉斯韋爾傳播模式」，你在學習過程中會遇到什麼困難呢？
>
> 🅰 作為一名大一的學生，在學習「拉斯韋爾傳播模式」的過程中，我可能會遇到以下困難。
> 1. 過於抽象和理論化：作為一個理論模型，拉斯韋爾傳播模式對我來說過於抽象和理論化，我可能會難以理解模型的概念和背後的原理。
> 2. 多個要素的複雜性：拉斯韋爾傳播模式涉及多個要素，如傳播者、訊息、媒介、效果、受眾等，我可能會感到困惑和混亂，不知道如何將這些線索聯繫起來。
> 3. 實際應用的挑戰：我不知道如何將拉斯韋爾傳播模式應用到實際的傳播案例中，以及如何分析和評估模型在實際情境中的有效性。

第二步，讓 AI 扮演老師，針對學習困難給予解決方案。

> ❓ 假設你是一名教授傳播學的大學老師，我是一名學生，你即將為我講解「拉斯韋爾傳播模式」。我會告訴你我遇到的問題，請你幫我解答，可以嗎？
>
> 🅰 當然可以！我會盡力為你解答有關拉斯韋爾傳播模式的問題。請告訴我你遇到的問題是什麼，我將盡力提供清楚和詳細的答案。
>
> ❓ 我很難理解這個理論模型，拉斯韋爾傳播模式的五個要素對我來說可能過於抽象和理論化，你是否能舉一個具體案例來幫助我理解呢？

（接下頁）

當然!我會用一個具體案例,來幫助你理解拉斯韋爾傳播模式的五個要素。

假設你是一家公司的市場行銷經理,負責推廣一款新的健康飲品,你決定應用拉斯韋爾傳播模式來制訂你的傳播策略。

拉斯韋爾傳播模式的五個要素:傳播者、訊息、媒介、效果和受眾。

1. 傳播者:在這個案例中,你就是傳播者,負責制訂並執行傳播策略,以推廣公司的健康飲品。
2. 訊息:你需要確定要傳達的核心訊息。這可能包括健康飲品的特點、功效、成分、獨特賣點等。你需要確保訊息準確、有吸引力,並與目標受眾的需求相匹配。
3. 媒介:選擇合適的媒介來傳播訊息是關鍵。你可以使用多種媒介,如電視、社交網路、傳統出版物、宣傳單等。你需要考慮使用哪種媒介最適合將訊息傳達給你的目標受眾,並在預算範圍內選擇適當的媒介。
4. 效果:在制訂傳播策略之前,你需要確定經由傳播希望達到的效果,例如,是增加銷量,還是提高品牌認知度,又或是改變受眾態度或行為。評估指標應該與你的目的一致,以便衡量傳播活動的成功與否。
5. 受眾:了解目標受眾的特徵、興趣和需求是至關重要的。在這個案例中,目標受眾可能是健康意識強、年輕的運動愛好者。你需要針對目標受眾的特點和需求,來制訂傳播訊息和選擇媒介。

現在,讓我們將這些要素應用到具體的案例中。

你的公司推出一款健康飲品,主打提供能量和補充營養。你的目標是吸引年輕的運動愛好者,以及那些追求健康生活方式的人。作為傳播者,你確定核心訊息是飲品的天然成分、營養價值和提供能量的功效。你希望傳達出這款飲品有益健康,和提供持久能量的特點。

為了傳達這些訊息,你可以選擇使用多種媒介。例如,製作一個電視廣告,展示飲品的天然成分、年輕人享用飲品的場景以及他們在運動中獲得能量的畫面。此外,可以經由社交媒體平台發佈有關健康飲品的營養知識、運動技巧和用戶分享的實際體驗,以吸引目標受眾的注意。

在評估效果方面,你可以設定明確的目標,如在一個季度內銷量增加20%。經由銷售數據和社交媒體上的用戶參與度等指標,來衡量傳播活動是否達到了預期效果。

> 最後，了解你的目標受眾是關鍵。你可以做市場研究，來了解年輕人和運動愛好者的喜好、習慣和需求。也可以與運動場所、健身教練和健康生活部落客等合作，以吸引目標受眾並提高品牌認知度。
> 經由以上的例子，你可以更理解拉斯韋爾傳播模式的五個要素，是如何在實際的傳播策略中應用的。請記住，每個案例可能會有不同的要素權重和具體操作方式，但拉斯韋爾傳播模式提供了一個架構，幫助你更系統地思考和規劃傳播活動。

2. 商務談判：讓 AI 成為你的談判專家

員工面對合作方提出潛在疑慮時，使用角色扮演式提問，可快速找到針對性的解決思路，並運用更專業的商務談判話術來回應，從而提升自己的商務談判能力。來看看下面的案例。

> ❓ 我想讓你扮演一位商務談判專家，我和你進行商務談判，你的目的是儘量達成合作。我會向你提出針對合作的一些疑惑以及顧慮，你要用商務談判技巧說服我合作。明白嗎？
>
> 🅰️ 當然，我明白您的要求。作為一位商務談判專家，我將盡力使用商務談判技巧來消除您對合作的疑慮，並努力達成我們的合作目標。請告訴我您的疑慮，我們就可以開始商務談判了。
>
> ❓ 你說你們的產品品質是市面上最好的，但是我認為產品價格太高了，即便大量採購成本還是很高，產品的性價比好像不太好。
>
> 🅰️ 感謝您提出疑慮。我完全理解您對產品品質和成本的考慮，願意就這個問題進行幾點說明。
> 第一，我要強調的是，產品具有高品質和卓越性能。儘管價格相
> （接下頁）

對較高，但我們的產品在市場上享有良好聲譽，並受到廣泛認可。我們投入了大量的研發和創新費用，以確保產品品質和性能達到最佳水準。這意味著產品在使用壽命、可靠性和功能方面表現出色，從而為您帶來更長久的價值。

第二，雖然產品價格相對較高，但提供一系列增值服務和支援，旨在幫助您實現更高的效益。這些服務可能包括定制化解決方案、技術支持、培訓以及售後服務等。我們的專業團隊將與您合作，確保您能夠充分利用我們的產品，從而最大限度地提升您的業務效率和競爭力。

第三，我們可以探討一些合作方式，以降低您的採購成本。可以考慮制訂長期合作協定，基於大量採購來實現價格優惠。此外，可以協商付款方式和條件，以減輕您的財務壓力。我們非常願意與您合作，共同找到一種雙方都滿意的解決方案。

第四，我還想強調本公司的可靠性和潛力。與我們合作，您就是與一家有著良好聲譽和穩定發展動力的公司合作。我們的目標是與您建立長期的合作關係，共同成長和成功。我們將全力以赴，確保您在合作過程中得到最大的價值。

希望這些說明能消除您的疑慮，我也願意聽聽您的看法，並與您繼續討論如何達成合作。

3. 心理輔導：讓 AI 幫你排解心中的煩惱

現代社會壓力很大，許多人或多或少都有一些心理困擾，或時常感到煩惱，且某些事情也未必方便與身邊的人溝通。

這時使用角色扮演式提問，就能很好地解決這個問題。來看看下面這個案例吧。

第 1 章　入門：最常用的 6 種提問方法

> ❓ 請你扮演一位心理諮詢師，和我聊聊天，幫我解決一些煩惱。可以嗎？
>
> 🅰 當然可以！作為一位心理諮詢師，我很願意與您交談並幫助您解決煩惱。請告訴我您的煩惱是什麼，我會盡力提供支援和建議。
>
> ❓ 我最近工作壓力非常大，達不到業績目標，總是擔心自己會被裁員，主管也不太肯定我，導致我常睡不好。
>
> 🅰 聽起來您正在面臨工作壓力和焦慮的問題，這是很常見的情況。首先，請您放鬆一下、深呼吸，我們可以一步一步來處理這個問題。
> 首先，讓我們看看您感到壓力的原因。您提到未能完成業績目標和擔心被裁員，這可能會讓您感到焦慮和不安。請記住，工作中有壓力是正常的，但過度的壓力可能會對身心健康產生負面影響。以下是一些應對工作壓力的建議。
> 1. 制訂合理的業績目標：確保您的業績目標是合理和可實現的。如果您覺得業績目標過高或不切實際，可以和主管溝通，並尋求適當的支持和指導。
> 2. 尋求支持：與同事或朋友交流，分享您的感受和困擾。他們可以提供支援、建議或幫助您從不同角度看問題。
> 3. 管理時間：制訂有效的時間管理計畫，優先處理重要任務，並確保給自己留一些休息和放鬆的時間，合理分配時間可以幫助您更能地應對壓力。
>
> （更多內容，略）
>
> 最重要的是，要記住自己不是孤單的。很多人都面臨類似的挑戰，這是有應對方法的，但您需要以積極的態度來尋求支持，並給自己一些時間來調整和恢復。希望這些建議能對您有所幫助，如果您還有其他問題或需要進一步的支援，請隨時告訴我。

4. 遊戲設計：讓 AI 設計角色對話

角色扮演遊戲是近來流行的遊戲類型，玩家可以扮演虛擬角色、在遊戲中進行冒險、解謎和社交互動。使用本節介紹的角色扮演式提問，就可以生成遊戲角色對話、遊戲劇情等，來看看下面的案例。

假設我們要製作一款背景為三國時代的遊戲，讓 AI 生成一段遊戲角色的對話。

> ❓ 我們在三國時代，我是貂蟬、你是呂布，接下來我們會進行一系列的對話。
>
> 🅐 沒問題，我會扮演呂布，我們可以開始對話了。
>
> ❓（**貂蟬**）呂將軍，我們現在身處危險之中，四面楚歌，該如何應對？
>
> 🅐（**呂布**）貂蟬，不要害怕。雖然局勢緊張，但我有絕對的信心保護你。我們可以利用敵人內部的分裂，尋找機會與他們交戰。另外，還可以借助地形，採取防守的策略，為我們的盟友爭取更多的時間。
>
> ❓（**貂蟬**）但呂將軍，敵軍實力強大，我們如何能夠抵擋他們的攻勢呢？
>
> 🅐（**呂布**）我們可以運用靈活的戰術來對抗敵人。我會親自領兵，充分發揮我們的優勢，如騎兵的機動性和火力優勢。此外，也可以尋求其他英雄的支援，共同對抗敵人。
>
> ❓（**貂蟬**）呂將軍，您對我如此信任，我會盡我所能為您效勞。如果有可能的話，我也想親自參戰，貢獻一份力量。

（接下頁）

第 1 章 入門：最常用的 6 種提問方法

> **AI**（呂布）貂蟬，你的勇氣和決心令我敬佩。但考慮到你的身份特殊，更適合在後方提供情報和策略支援。你的聰明才智可以為我們制訂更好的戰略，且有你的存在，也鼓舞了士兵們的士氣。
>
> 以上是我們的對話，如果你有任何其他要求或者想繼續進行角色扮演，可以隨時告訴我。

注意事項

1. 使用角色扮演式提問時，可以配合指令式提問一起使用，專業身份加上明確的指令，會使提問者得到更優質、更精準的回答。
2. 因為 AI 的資料庫中資訊有限，所以針對某些領域的提問，即使已經為 AI 賦予專家身份，AI 的回答也不一定正確，比如醫學領域、法學領域、前沿研究領域等。

秒懂 AI 提問：讓人工智慧提升你的工作效率

1-3
關鍵字提問：
使回答更具體更精確

請試著代入此場景：主管說有一個珍珠奶茶的專案，要讓你負責。你想知道從哪裡入手的話，會怎麼問？

提問一：經理，這個主題我沒接觸過，該怎麼做啊？

主管聽你這麼問，大概不會給你明確的回答，甚至會認為你不想做這個專案。

第1章　入門：最常用的6種提問方法

提問二：經理，為了完成這個專案，我應該先分析市場需求還是先制訂預算？

如果這麼問，主管就會指明接下來工作的重點，甚至會為你增派人手，從而順利完成專案。

> 經理，為了完成這個專案，我應該先分析市場需求還是先制訂預算？

顯然，在這個場景裡，提問二抓住了提問的關鍵點。「分析市場需求」和「制訂預算」是兩個非常明確的關鍵字，有了這兩個關鍵詞，主管才能提供建議和指導。

其實在這個場景裡，你可以將主管看作AI；而你作為提問者，只有掌握使用關鍵字提問的技巧，才可能獲得想要的回答。那麼什麼樣的關鍵字是好的關鍵字呢？請試著對比分析一下這兩句話。

提問一：在婚姻中，如何保持幸福感？
提問二：在婚姻中，如何同時保持富足的生活和愉悅的身心？

35

看到第一個問題時你會怎麼回答？是不是感覺問得太廣泛了，不知道該從何說起。而第二個問題一下子就抓住重點，「富足的生活」和「愉悅的身心」是關鍵字，聚焦於這兩點，能便於思考並回答。再看以下這兩句話。

提問一：親愛的，晚餐你想吃什麼？
提問二：親愛的，晚餐你想吃火鍋還是燒烤？

在這個場景中，相較於提問一，提問二不僅有主題，還提供具體選擇：「火鍋」還是「燒烤」。回答者需要思考的範圍更小，提問者從而更快獲得聚焦的回答。

相信你已經看出來了，關鍵字提問是經由將關鍵字放在問題或指令中，幫助 AI 更準確去理解提問者的問題，讓 AI 的回答更聚焦。好的關鍵字提問通常是清楚、具體、明確的，這可以讓 AI 更準確理解提問者的意圖，同時也能更精準回答問題。

那麼，如何確定關鍵字、進行好的關鍵字提問呢？以下是一些具體建議。

1. 確定問題核心

首先思考問題的核心是什麼，好的關鍵字通常可以反映問題的主要內容。

2. 用字精簡

避免使用過多關鍵字,只選擇最相關、最能描述問題的關鍵字,以簡潔明瞭的方式提問。

3. 使用專業術語

如果適用,請使用相關領域的專業術語,可以提高提問的準確性,讓回答更聚焦。

4. 避免歧義

確保所選關鍵字在語境中清楚無誤,避免使用容易引起誤解的關鍵字。

5. 結合具體情景

盡量將關鍵字與具體的情景、案例或背景相結合,以便讓 AI 更理解問題。

6. 嘗試使用同義詞

如果發現關鍵字不夠準確或沒有得到滿意的回答,可以嘗試使用同義詞或其他相關詞彙。

7. 適度縮小問題範圍

如果問題過於廣泛,可嘗試進一步說明,或使用更具體的關鍵字來描述問題。

接著來看幾個不同場景下,關鍵字提問的應用案例。(僅展示 AI 回答的部分內容)

❖ **場景 1：讓 AI 生成食譜**

關鍵字模糊 （Before）	❓ 如何讓PPT更好看？ 🅰 1. 設計簡潔：保持投影片設計簡潔明瞭。 2. 顏色搭配：選擇和諧的顏色搭配，以使簡報整體協調。 3. 字體選擇：使用易讀的字體，以確保呈現出的訊息清楚易懂。 4. 字體大小：確保字級適合觀眾閱讀，不過小。 5. 訊息呈現：避免在投影片上堆砌過多文字。 6. 圖片品質：使用高品質的圖片，避免使用模糊或低解析度的圖片。 7. 一致性：保持投影片的設計、字體和顏色等元素具一致性。 （更多內容，略）
關鍵字具體 （After）	❓ 如何讓PPT排版更簡潔？ 🅰 1. 範本選擇：選擇一個合適的PPT範本，這將為整份簡報提供統一的基礎。 2. 統一配色方案：在整份簡報中使用相同的配色方案，以確保視覺上的一致性。 3. 統一字體：全文使用一種或兩種字體，以保持簡報的一致性。 4. 保持字體大小一致：確定合適的字級，並在簡報中保持一致。 5. 使用主題：善用主題功能，可以輕鬆將相同的設計元素、顏色和字體應用到整份簡報中。 6. 統一圖表和圖形風格：在簡報中使用相同風格的圖表、圖形和圖像。 7. 一致的動畫和切換效果：為投影片添加動畫和切換效果時，儘量保持簡潔、統一。 （更多內容，略）

❖ 場景 2：準備考試的方法

關鍵字模糊（Before）	❓ 如何備考？ 💡 1. 確定考試內容：了解考試的範圍、結構和難度。 2. 制訂學習計畫：根據考試內容和自己的時間安排，制訂出合理的學習計畫。 3. 準備學習資料：備齊相關書籍、筆記、練習題等學習資料。 4. 積累知識：根據學習計畫，有計畫地進行學習，並逐步積累知識和技能。 5. 練習模擬試題：在備考過程中，可以經由做模擬試題來檢驗自己的掌握情況和水準。 （更多內容，略）
關鍵字具體（After）	❓ 如何靠自學考上大學？ 💡 1. 了解自學考試政策和規定：不同縣市的自學考試政策和規定可能有所不同。 2. 選擇報考學校與專業：根據自己的興趣和職業規劃，選擇適合自己的學校和專業。 3. 制訂學習計畫：自學考試需要自主學習，需要制訂合理的學習計畫。 4. 準備考試：準備階段需要積累知識和技能，可以經由…… 5. 參加考試：自學考試通常有兩個階段，第一個階段是初試，第二個階段是複試。 （更多內容，略）

❖ 場景 3：提升賺錢能力

關鍵字模糊 （Before）	❓ 如何賺到第一桶金？ 🤖 1. 找工作：經由投遞簡歷、面試等方式找到一份穩定的工作，獲得第一筆收入。 2. 兼職打工：經由在學校、社區、商場等找兼職工作，賺取第一筆零花錢。 3. 利用技能賺錢：如果你具備某些技能，比如繪畫、程式設計、翻譯等，可以利用這些技能賺取收入。 （更多內容，略）
關鍵字具體 （After）	❓ 新媒體編輯如何在五年內月入 5 萬？ 🤖 1. 專業素質：一名優秀的新媒體編輯，需要具備紮實的文化素養、優秀的寫作能力、熟練的新媒體運營技能以及較佳的審美能力。 2. 敏銳的洞察力：要成為一名成功的新媒體編輯，需要有敏銳的洞察力，能準確地把握社會熱點、注意到使用者需求，及時發佈內容，吸引讀者關注和參與。 3. 優秀的團隊合作能力：要在新媒體行業中獲得成功，需要與團隊緊密合作，共同完成任務。 （更多內容，略）

❖ 場景 4：生成一張照片

關鍵字模糊 （Before）	❓ 幫我生成一張黃昏的照片。
關鍵字具體 （After）	❓ 幫我生成一張長寬比為 4：6、油畫風格的海上落日照片。

❖ 場景 5：撰寫職場貼文

關鍵字模糊 （Before）	❷ 幫我寫一篇職場貼文。
關鍵字具體 （After）	❷ 幫我寫一篇 25 歲左右的職場人、關於主管力的 1000 字左右的貼文。

❖ 場景 6：創作一幅油畫

關鍵字模糊 （Before）	❷ 幫我畫一幅向日葵油畫。
關鍵字具體 （After）	❷ 幫我模仿梵谷的風格，畫一幅向日葵油畫。

實用案例

關鍵字式提問，特別適用於需要 AI 回答具體問題或提供詳細解釋的情境，例如精準搜尋、數據分析等。以下是幾個典型的應用案例。

1. SEO（搜尋引擎優化）：讓 AI 強化關鍵字

若想提升網站內容以獲得更好的搜尋引擎排名，了解使用者常使用的關鍵字至關重要。經由分析熱門關鍵字，並針對這些關鍵字改善網站內容，可以提高網站在搜尋引擎中的排名。

> ❓ 我們是一家專注於職場技能提升的線上教育公司,需要經由調整關鍵字的功能,來提高公司在搜尋引擎中的排名,請幫我羅列 10 個時下熱門的職場關鍵字。
>
> 🅐 以下是一些時下職場相關的熱門關鍵字,這些關鍵字可以幫助您改善線上教育內容,以提高其在搜尋引擎中的排名。
> 1. 職業技能提升
> 2. 職業發展
> 3. 職場競爭力
> 4. 領導力培訓
> 5. 溝通技巧
> 6. 團隊合作
> 7. 時間管理
> 8. 專案管理
> 9. 人際關係
> 10. 求職技巧

2. 數據統計:讓 AI 快速分析關鍵資訊

在數據統計中,分析師使用關鍵字提問,可以快速定位需要分析的數據、篩選關鍵訊息。例如在下面幾個分析場景中,分析師只需將數據和訊息發給 AI,再經由關鍵字提問下指令即可。

分析場景	關鍵字	指令
電商數據分析	銷售數據、×商品、關鍵因素	請幫我找出×商品最近一週的銷售數據,並列出能達到此數據的關鍵因素
金融市場數據分析	×股票、歷史價格走勢、規律	請幫我找出×股票過去一年的價格走勢,並找出其中的規律
社交媒體數據分析	×社交平台、互動情況、需求	請幫我找出×社交平台最近一個月的使用者互動情況,並列出他們的需求

注意事項

1. 關鍵字越抽象,AI 的理解就越廣泛,越容易造成歧義或多重解讀;關鍵字越清楚、越具體,AI 的回答越容易符合提問者的預期。
2. 使用關鍵字提問時,提問者要對相關領域有一定了解,需提前梳理出明確的核心詞彙或短語。
3. 關鍵字提問時,可以與角色扮演式提問和指令式提問結合使用,以得到更精確、更聚焦的回答。

1-4 示例式提問：讓 AI 快速理解你的需求

無論職場或生活中，我們可能都會遇到以下情況。

情況一：設計師已經設計了幾個款式，但客戶都不滿意，和客戶溝通的對話如下。

客戶：我要的顏色不是這種感覺，我是要那種五彩斑斕的黑！

（設計師想：你要什麼感覺？五彩斑斕的黑是什麼黑色？色卡上沒有啊！）

> 五彩斑斕的黑是什麼黑色?

> 我要那種五彩斑斕的黑!

情況二:熱戀中的情侶,女孩因為男孩買的禮物不合意而吵架。

女孩:我要收到的禮物是少女感十足的、可愛的。

(男孩想:少女感是什麼樣的感覺?不就是粉紅色的嗎?)

有沒有發現,情況一中雙方想法無法達成一致、情況二中男孩無法得知對方的喜好,都是因為有要求的一方表達非常模糊,且沒有參照物。這造成了雙方溝通時雞同鴨講,對彼此都不滿意。

我們發現,就算給了具體的指令或要求,每個人理解指令或提出要求的時候,仍然會有偏差。這時最好的辦法是什麼呢?答案就是給對方一個示例。比如:

客戶給設計師一張設計圖作為參考,其中有他屬意的黑色;女孩把覺得有少女感和可愛的物品給男孩看,增強男孩對自己喜好的理解。

和 AI 溝通時也是一樣，除了下清楚的指令或要求，如果提問者還能提出示例，那麼 AI 給的回答會更貼近提問者的需求。來看看下面這個未提供示例的例子。

> ❓ 幫我寫 5 個小紅書的標題，圍繞眼霜做推薦。
>
> 🅰 1. 眼霜盤點：五款熱門眼霜幫你輕鬆對抗黑眼圈和細紋。
> 2. 專業推薦：最值得投資的五款眼霜，讓雙眼煥發青春光彩。
> 3. 深度解析：五款明星眼霜，專家教你如何選購合適的眼霜。
> 4. 新手入門：五款性價比超高的眼霜，讓你輕鬆擁有水潤魅眼。
> （更多標題，略）

而以下是有提供示例的情況。

> ❓ 你現在是一位非常優秀的新媒體文案創作者，我給你 5 個小紅書爆款的標題，請歸納這些標題的共同點。
> 1. 18 款眼霜大集合！不同年齡、眼周問題怎麼選？
> 2. 好用不「踩雷」的眼霜，去黑眼圈、抗皺眼霜推薦
> 3. 有效改善黑眼圈的眼霜，我終於找到了！
> （更多標題，略）
>
> 🅰 根據您提供的 5 個小紅書爆款標題，歸納出以下共同點。
> 1. 聚焦性：這些標題針對的是不同年齡層的眼周問題，如去黑眼圈、抗皺、抗老化等。
> 2. 情感化：用詞帶有情感色彩，如「好用不『踩雷』」、「終於找到了」「跪求別停產」等，能讓讀者感受到作者的真誠和熱情。
> 3. 第一人稱：多使用第一人稱，強調個人體驗和真實感受。
> （更多內容，略）

（接下頁）

> 根據這些共同點,您可以嘗試重新創作符合小紅書爆款標題特點的標題。
> (更多標題,略)
>
> ❷ 很好,請你根據這些共同點,再寫10個標題,需符合小紅書爆款標題特點,並圍繞眼霜進行推薦。
>
> 🅰 根據您提供的共同點,我為您準備了以下10個圍繞眼霜進行推薦的小紅書標題。
> 1. 25歲以上的姐妹們注意!這款抗老眼霜讓我的眼周煥然一新!👀
> 2. 親測有效!對抗黑眼圈,這款眼霜讓你熬夜後沒有「熊貓眼」🐼
> 3. 回購不停!這款眼霜拯救了我的眼睛!✨
> 4. 跪求別停產!這款眼霜對抗乾紋、黑眼圈絕了!💡
> (更多標題,略)

由此案例我們會發現,在沒有提供示例時,AI生成的標題看似很專業,但不符合小紅書的風格;而提供示例以後,AI生成的標題風格就符合了,這就是示例式提問的作用。

我們可以用示例式提問讓AI生成標題,也可以用示例式提問讓AI生成短影片腳本,而且效果更好。只需要提供AI幾個自己喜歡的爆款短影片腳本,它就能馬上理解,並快速生成我們想要的結果,一起看看下面的案例。
(僅展示AI回答的部分內容)

❖ 場景1：寫旁白腳本

未提供示例（Before）	❓ 請幫我創作一個短影片旁白腳本，主題為：如何避免孩子有討好型人格。
	🅰 【開場】 主持人：親愛的聽眾朋友們，歡迎收聽今天的節目。在這個節目中，我們將探討一個非常重要的話題——如何避免孩子有討好型人格。接下來將為您提供一些建議，幫助讓孩子更健全地成長。 【正文】 1. 建立自信心（具體內容，略） 2. 教育孩子學會拒絕（具體內容，略） 3. 培養獨立性（具體內容，略） 4. 教育孩子正確處理人際關係（具體內容，略） 5. 樹立榜樣（具體內容，略） 【結尾】 主持人：親愛的聽眾朋友們，以上就是我為您分享的關於如何避免孩子有討好型人格的建議。希望這些建議能對您的家庭教育有所幫助！
提供示例（After）	❓ 請幫我創作一個短影片旁白腳本，主題為：如何避免孩子有討好型人格。在這之前，我會給你兩個爆款短影片的旁白腳本，請你學習並歸納共同點，並應用在接下來的創作中。 （旁白腳本，略）
	🅰 【開場】 你知道嗎？討好型人格可能讓孩子一生都陷在無盡的焦慮與壓力。那麼，如何避免孩子有討好型人格呢？跟著我一起來看看這五個具體實用的方法吧！ 1. 教育孩子學會拒絕（具體內容，略） 2. 培養孩子獨立思考的能力（具體內容，略） 3. 讚美孩子的品質而非成績（具體內容，略） 4. 教育孩子學會處理人際關係（具體內容，略） 5. 以身作則，樹立榜樣（具體內容，略）

（接下頁）

【結尾】
家長們,讓我們從現在開始行動,用這五個具體、實用的方法避免孩子有討好型人格,讓他們成為獨立、自信的人!記得點讚、收藏、分享,讓更多家長了解這些方法!

❖ 場景2:訊息回饋

未提供示例(Before)

❓ 你現在是××課程的助教,我提供學員寫的自我介紹給你,請給學員一小段回覆。
學員的自我介紹:
大家好,我是 Chacha 茶茶
〔職業〕我的職業是培訓公司創始人
〔地區〕我來自台南
〔對AI的看法〕我認為AI可以成為人類的超級助理
〔對學習AI的看法〕對於學習AI這件事,我認為入門階段,應先跟著走在前面的專家們,學習目標是讓AI為我們所用。

🅰️ 親愛的 Chacha 茶茶:
你好!感謝為我們分享了你的資訊,很高興能成為你在××課程中的助教。
首先,恭喜你成為培訓公司的創始人!這是一個很棒的成就。來自台南的你,一定有深厚的文化背景和豐富的經驗。
在××課程中,我們將努力為你提供豐富的學習資源,幫助你更理解和運用AI。如果學習過程中遇到任何問題,或需要針對課程內容進行討論,請隨時聯繫我,我將竭盡所能提供幫助。再次感謝你加入我們的課程,期待在這段時間裡與你一起學習和進步!
祝學習順利!

(接下頁)

秒懂 AI 提問：讓人工智慧提升你的工作效率

提供示例
（After）

❓ 你現在是××課程的助教，我提供學員寫的自我介紹給你，請給學員一小段回覆。
學員的自我介紹：
大家好，我是 Chacha 茶茶
〔職業〕我的職業是培訓公司創始人
〔地區〕我來自台南
〔對 AI 的看法〕我認為 AI 可以成為人類的超級助理
〔對學習 AI 的看法〕對於學習 AI 這件事，我認為入門階段，應先跟著走在前面的專家們，學習目標是讓 AI 為我們所用。
在此之前，先給你兩個回覆的示例，請按照示例的風格來撰寫回覆。
參考示例如下：
你好啊！很高興認識你。你對 AI 的看法非常深刻，認為 AI 不斷發展、進化，具有接近人類的行為和思維的可能。但即便再接近人類，機器和程式也無法勇有同樣的想像力。因此，成為會使用工具的人，甚至創造工具的人，更有可能從重複性任務中解放，不斷創新。同時，你也強調需要儘早制訂關於 AI 的規範化使用的法律法規。
（更多內容，略）

🤖 親愛的 Chacha 茶茶：
你好呀！非常高興在××課程中與你相識。從自我介紹中，我看到了你對 AI 的獨到見解。你認為 AI 作為一個超級助手，可以在很多方面提高工作效率。你也提到跟隨前輩們入門 AI，並關注如何更好地將其應用於實際生活，是一個切合實際且明智的學習目標。在課程中，我們會提供豐富的學習資源，幫助你更能運用 AI、理解其運行邏輯，從而更有效地將其應用在工作和生活中。作為培訓公司的創始人，你所具備的敏銳的洞察能力和跨界創新的思維，將為課程增色不少。希望在接下來的學習過程中，你能不斷拓寬自己的思路，為未來的工作和生活做好準備！
如果學習過程中有任何問題，歡迎隨時聯繫，我將

（接下頁）

> 竭誠為你提供幫助。
> 期待與你一同在訓練營中學習和成長!
> 祝學習愉快!

在找不到優秀示例的情況下,我們也可以讓 AI 生成示例(如下),確認這個示例符合標準後,讓 AI 按照示例生成具體內容即可。

❖ 場景 3:寫商業計畫書

未提供示例 (Before)	❓ 請幫我寫一份餐飲商業計畫書。 🤖 1. 概述(具體內容,略) 2. 市場分析(具體內容,略) 3. 產品與服務(具體內容,略) 4. 市場推廣(具體內容,略) 5. 財務分析(具體內容,略)
提供示例 (After)	❓ 請給我一個商業計畫書的結構示例。 🤖 以下是一個商業計畫書的結構示例。 1. 概述 2. 市場分析 3. 產品或服務 4. 行銷計畫 5. 經營模式和財務計畫 6. 運營和管理 7. 風險和機會 8. 總結和建議

由場景3可以發現,若不提供AI結構示例,其直接生成的回答內容不夠全面,會缺少一些特定元素。

因此在完成一項任務前,我們可以先讓AI生成示例,確認後再要求AI按照示例生成具體內容。例如,當需要寫一篇學術論文時,先讓AI提供結構示例,確認結構示例符合要求後,再告知AI論文題目,讓AI套用結構示例後生成大綱。(以下省略AI的部分回答)

❖ **場景4:生成論文大綱**

	❓ 請幫我寫一篇學術論文,論文題目是「電腦與人工智慧」。
未提供示例(Before)	🅰️ 題目:電腦與人工智慧摘要 摘要 1. 引言 2. 人工智慧的起源和歷史 　2.1 早期研究和哲學思考 　2.2 圖靈測試和AI的定義 3. 人工智慧的基本概念 　3.1 機器學習 　3.2 深度學習 4. 人工智慧的技術領域 　4.1 電腦視覺 　4.2 自然語言處理 5. 倫理和社會挑戰 　5.1 數據隱私 　5.2 失業問題 　5.3 演算法偏見 6. 結論

(接下頁)

第 1 章　入門：最常用的 6 種提問方法

❓ 請給我提供學術論文的結構示例。

A1 學術論文的結構，會因學科領域和期刊要求而有所不同。然而，下面是一個常見的學術論文結構示例，適用於大多數學科領域和期刊。
1. 封面
   論文標題
   摘要
   關鍵字
2. 引言
   研究背景
   研究問題或目的
   研究意義
   文獻綜述
   研究假設
3. 方法
   研究設計
   變數和測量
   數據收集
   數據分析
4. 結果
   數據描述
   結果分析
5. 討論
   結果解釋
   結果的實際或理論意義
   結果的局限性
   進一步研究的建議
6. 結論
   總結研究的主要發現
   強調研究的重要性和潛在影響
   提出可能的實踐建議或政策建議
7. 引用文獻
   列出引用過的文獻
   附錄（可選）

提供示例（After）

❓ 請你按照上述結構示例，幫我寫一篇學術論文，論文題目是「電腦與人工智慧」。

更多示例式提問的應用場景和應用技巧如下。

應用場景	應用技巧
AI 繪圖	將喜歡的圖片提供給 AI，讓 AI「以圖生圖」
AI 語音	將自己的錄音提供給 AI，訓練 AI 生成符合個人特色的語音
AI 虛擬人	把自己的照片提供給 AI，可以得到與自己長相一致的虛擬人物照片

實用案例

示例式提問經由提供 AI 具體的示例或案例，來幫助 AI 理解問題或了解提問者的需求，能使 AI 的回答更完整。此種提問適用於較抽象或複雜的問題，可以讓 AI 先理解和掌握相關概念與知識。

1. 職場寫作：AI 教你掌握寫作關鍵

在工作中會遇到各種各樣的寫作場景，比如撰寫會議記錄、演講稿、會議議程、商業計畫書等。如何快速掌握每一種寫作任務的要點呢？讓 AI 提供示例，再使用示例式提問讓 AI 按要求生成內容即可。

來看看下面的案例，假設你需要寫一份商業計畫書，先讓 AI 提供一個結構示例。

第 1 章　入門：最常用的 6 種提問方法

> ❓ 我需要寫一份商業計畫書，請為我提供一個優秀的商業計畫書的結構示例。
>
> 🅐 以下是一個商業計畫書的典型結構示例
>   1. 概述
>   2. 商業計畫書簡介
>   2.1 公司背景
>   2.2 公司使命和願景
>   2.3 關鍵成功因素
>   3. 公司概況
>   3.1 產品或服務概述
>   3.2 市場概述
>   3.3 公司策略
>   3.4 財務摘要
>   3.5 公司描述
>   （更多內容，略）

讓 AI 按照這個結構示例生成商業計畫書的大綱。

> ❓ 請按照這個結構示例，為我提供「輕食餐飲零售商業計畫書」的大綱。
>
> 🅐 商業計畫書：輕食餐飲零售
>   1. 概述
>   2. 商業計畫書簡介：介紹輕食餐飲零售商業計畫書的撰寫目的
>   2.1 公司背景：提供公司的創立背景和發展歷程
>   2.2 公司使命和願景：闡述公司的使命和願景，以及與輕食餐飲零售相關的核心價值觀。
>   2.3 關鍵成功因素：列舉確保公司成功的關鍵因素，如市場需求、產品品質等。
>   3. 公司概況：簡要概括公司的核心業務和產品，以及市場定位。

（接下頁）

55

> 3.1 產品或服務概述：介紹輕食餐飲零售的產品或服務特點，包括健康飲食選項、特殊食物要求等。
> 3.2 市場概述：概述輕食餐飲零售市場的規模、增長趨勢和潛在機會。
> 3.3 公司策略：闡述公司的核心競爭策略，包括目標市場、競爭優勢和市場定位策略。
> 3.4 財務摘要：提供公司的財務數據摘要，包括預計銷售額、成本、利潤等。
> （更多內容，略）

2. 創意設計：用 AI 靈活模仿設計風格

目前很多 AI 工具都有「以圖生圖」的功能，這種功能其實就是示例式提問的一種：經由給 AI 提供一張圖，讓它生成類似的圖片。

很多 AI 工具也有提供示例模型，使用者只要選擇某個風格的示例模型，就可以讓 AI 生成類似的圖片。如以下為使用 AI 繪畫工具 Midjourney 生成的圖像，只要提供一個圖片作為示例，Midjourney 就能根據這個示例生成更多類似的圖片。

第 1 章　入門：最常用的 6 種提問方法

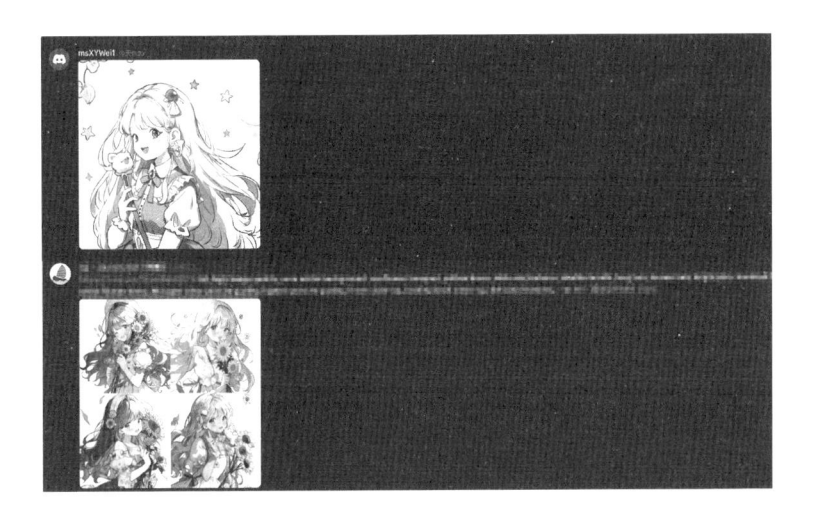

注意事項

1. 使用示例式提問要選擇合適的例子，以確保所選的例子具有代表性，且與問題緊密相關。
2. 在提供示例後，可以要求 AI 總結示例的特點，從而確認 AI 已理解示例所包含的關鍵和細節。
3. 選擇示例時，要清楚表達重點訊息，防止過多細節和無關的訊息干擾 AI 理解。

1-5
引導式提問：用AI生成更多創意

你有沒有過這樣的經驗：主管通知全部門到會議室集合，大家面面相覷等著主管發話，結果主管說：「今天開會，主要是想一起討論下個月的活動主題，大家集思廣益，有什麼點子都可以說出來。」

如果你參加過就知道，這就是所謂的腦力激盪大會。經由腦力激盪，可以獲得更多的新思路與創意。當我們面臨棘手的問題時，腦力激盪可以提供多種解決方式，便於找到最佳方案，還有可能得到審視問題的全新視角。

但有了AI的幫助，就不用再拉著很多人一起開會了，因為AI可以和我們一起腦力激盪，而且它的知識面更廣，審視問題的視角也更多元。

那麼，怎麼讓AI和我們一起腦力激盪呢？答案是：

要引導AI「思考」。想要AI提供更多的點子,只需要在我們想討論的主題或問題前面,加上「讓我們思考一下」。這個提示可以讓AI生成「經過深度思考」的文本,這對常寫作的人來說很有幫助。

假如我們想要寫一篇關於AI給職場人士工作帶來的衝擊的文章,但是不知道有哪些不錯的角度,可以這樣向AI提問。

> ❓ 讓我們思考一下:AI給職場人士帶來了哪些工作上的衝擊?
>
> 🅰️ AI對職場和工作的影響確實很大,主要表現在以下幾方面。
> 1. 許多工作會被自動化。(具體內容,略)
> 2. 部分工作會發生變化。(具體內容,略)
> 3. 新的工作將產生。(具體內容,略)
> 4. 人工智慧將提高生產力。(具體內容,略)

以上的提問方式稱為「引導式提問」,這是一種鼓勵回答者提供詳細、完整和主觀看法的提問方式。這類問題通常沒有標準答案,回答者需要根據自身經驗、觀點和想法來表達看法。

引導式提問可以讓回答者做更深入的思考和回答,有助於產生新的見解,並具備以下3個特點。

1. 不要問封閉性的問題，也不要問需回答「是」或「否」的問題。而是要使用開放性的問題，這能鼓勵回答者提供更多選項和想法。

2. 通常以「為什麼」、「怎麼樣」、「請描述」等開頭，以引導回答者進行深入思考。

3. 可以促使回答者提供更豐富的訊息，有助於深入了解回答者的想法和感受。

以下是使用引導式提問的例子。
- 在你的職涯中，哪次經歷的影響最大？為什麼？
- 你是如何解決這個問題的？請詳述處理過程。
- 你認為未來五年內，這個行業將發生哪些大變化？

以下是使用引導式提問的句型及提示詞參考。
- 除了用「讓我們思考一下……」這個句型，還可以使用「讓我們想一想……」「讓我們討論一下……」。
- 繼續追問，以擴大 AI「思考」的範圍。在 AI 提出一些想法後，你可以追問「這給了我一些新思路，還有什麼其他的想法嗎？」「在這個基礎上我們還能想到什麼？」等問題，讓 AI 繼續提出新的想法。
- 引導 AI 提供大膽的想法。你可以說「不管想法有多瘋狂，我都想聽聽」、「想些天馬行空的主意」等，這可以讓 AI 跳出常規思維，提供更有創意的想法。

第 1 章　入門：最常用的 6 種提問方法

更多引導式提問的應用場景和參考指令如下。

應用場景	參考指令
提供活動主題	讓我們思考一下：關於 AI 對職場人士的衝擊，可以有哪些活動主題
提供短影片腳本創意	讓我們思考一下：關於 AI 對職場人士的衝擊，可以策劃哪些有創意的短影片
提供文章撰寫思路	讓我們思考一下：關於 AI 對職場人士的衝擊，可以從哪些角度寫文章

秒懂 AI 提問：讓人工智慧提升你的工作效率

> **實用案例**

1. 專家顧問團：讓 AI 成為你的超級智囊團

在現實世界中進行腦力激盪有一個好處，那就是在會議中討論問題時，每個人都可以從自己的視角提出看法，讓我們可以用多角度看問題。

那麼作為個人，如何擁有自己的團隊一起腦力激盪呢？用 AI 就能實現！使用前面提到的引導式提問，可以使 AI 從個人角度提出觀點，這樣就可以模仿現實中的團隊會議，得到多角度的觀點。看看如下示例。

---

❷ 假設我的智囊團內有 3 名專家，這 3 名專家分別是賈伯斯、×××和×××。他們都有自己的個性、世界觀和價值觀，對同一個問題有不同的視角、看法和建議。我會在這裡說出我的處境和決策。請分別以這 3 名專家的身份和思維模式來審視我的決策，並附上評判和建議，了解嗎？

🄐 是的，我明白您的請求。作為您的智囊團成員，我會用賈伯斯、×××和×××的思維模式來審視您的決策，並附上評判和建議。請告訴我您的處境和決策。

❷ 我們是一家線上教育公司。今日 AI 技術發展迅猛，催生了很多新工具，這給很多職場人士帶來很大的衝擊，我們現在應該怎麼做，才能有更好的發展？

🄐 作為您的智囊團成員之一，我將用賈伯斯的思維模式思考，提供我的建議。
賈伯斯的建議如下。

（接下頁）

62

第 1 章　入門：最常用的 6 種提問方法

> 企業成功的關鍵在於創新和改善用戶體驗，基於您的情況，可以考慮從以下幾個方面應對 AI 技術的影響。
> 首先，您可以經由重新設計課程，提供更具個性化的教學內容和體驗，來滿足學員的不同需求。這樣一來，您的課程就更能適應市場的變化和需求。
> （更多內容，略）

2. 職涯規劃：讓 AI 成為你的職場導師

經由使用引導式提問，職場人士可以用來規劃自己的職涯。比如教育培訓業中，職涯規劃師可以使用 AI 提升工作效率，舉例如下。

假設你是一名即將畢業的大學生，對於自己未來的職業規劃充滿困惑，也不知道該如何向 AI 表達自己的困惑，那你可以這樣試試。

> ❓ 從現在開始，你是一位蘇格拉底式的導師，我是你的學生。你不會直接給答案或者結果，而是會引導學生思考並一步步得出結論。你會不斷調整並拆分問題，以適應學生的理解能力。
>
> 🅰️ 好的，讓我們開始吧！請問你有什麼想要討論或者探究的問題呢？
>
> ❓ 我想知道自己適合做什麼工作。
>
> 🅰️ 好的，我們可以一步步來，從探討你的興趣和價值觀開始。你覺得自己對哪些事情感興趣？什麼是你特別喜歡做的？
>
> （接下頁）

63

> ❓ 我喜歡研究電腦軟體的新用法。

> 🤖 非常好！你對研究電腦軟體的興趣很強烈，這可以讓我們往更具體的方向探討。
> 接下來，我們可以探討一下你的技能和經驗。你做過哪些與電腦軟體相關的工作或者專案？你覺得自己在這方面有哪些專業技能和經驗？

> ❓ 嗯，我曾經用 Photoshop 為別人設計海報，還賺了 300 元。

> 🤖 很好！那麼你有使用 Photoshop 這一設計軟體的技能和經驗，這是一項很不錯的專業技能。此外，你也有一些與客戶溝通和專案交付相關的經驗，這也是非常重要的。
> 那麼接下來，我們可以探討一下你的個性特點和價值觀。你覺得自己是一個什麼樣的人？你在工作或者生活中注重哪些價值觀？
> （更多內容，略）

經由 AI 引導思考，你可以更進一步了解自己，做出更適合自己的職業或人生規劃，而不是由它直接給你參考答案。

以上這種引導提問方式，稱為「蘇格拉底式提問」，又稱「蘇格拉底式教學法」，是古希臘哲學家蘇格拉底的極具代表性的提問方式。這種提問方式經由一系列聚焦性的問題，引導對話者深入思考，以發現知識、挖掘觀點和促進理解。蘇格拉底式提問強調質疑、懷疑和反思，追求真實和理性的知識。

蘇格拉底式提問的主要特點如下。

- 引導性：經由提問引導對話者思考問題，而非直接告訴他們答案。
- 層層遞進：問題由淺入深，逐步引導對話者深入探討話題。
- 提倡反思：鼓勵對話者對自己的觀點、信仰和假設進行反思和審視。
- 邏輯性強：關注論證的邏輯性、一致性和合理性，追求真實的和有根據的知識。

蘇格拉底式提問常見的6種類型如下。
- 澄清問題：為了探討一個問題、明確概念，你可以問AI「可不可以舉個例子，來驗證是否理解你的意思」。
- 檢驗假設：為了進一步了解對話內容的真實性，你可以問AI「你如何證明這個假設」。
- 理性分析：為了探究背後的原理或者真相，你可以問AI「能解釋一下原因嗎」或者「你是如何得出這一結論的」。
- 檢驗觀點：為了讓AI對其回答進行分析，你可以問AI「你提出的這個方案有哪些優缺點」。
- 開闊思路：為了引導AI從不同視角看問題，你可以問AI「對於這個問題，你覺得其他人可能會怎麼想」。
- 思考後果：如果想知道AI的回答會帶來什麼後果，你可以問AI「你覺得你這個假設會有什麼結果呢？」。

更多蘇格拉底式提問的應用場景和參考,指令如下,不同的使用場景,只需替換角色名稱即可。

應用場景	參考指令
提供心理諮詢	從現在開始,你是一位蘇格拉底式的心理諮詢導師,我是你的學生。你不會直接給出答案或結果,而是引導學生思考並一步步得出結論。你會不斷調整並拆分問題,以適應學生的理解能力
提供職業規劃	從現在開始,你是一位蘇格拉底式的職涯規劃導師,我是你的學生……

注意事項

1. 我們可以讓 AI 扮想想諮詢領域的某個專家,但要注意,這位專家一定要是名人,否則網路上沒有相關資料,AI 就無法從這名專家的視角提供回答。比如想要 AI 提供商業分析方面的幫助,就可以讓 AI 扮演國際知名企業的創始人;想要 AI 提供情感諮詢類的幫助,就可以讓 AI 扮演國際知名的心理諮詢師。
2. 提問中涉及的專家最好分布在不同領域,AI 給的答案視角會更多元,對你的幫助也會更大。
3. 角色的數量可以自由更改,如果想要獲得更多不同的視角,可以增加專家的數量。
4. 由於 AI 回覆字數有限制,可能無法一次提供完整的回答,這個時候可以回覆「繼續」兩個字,它就能給出未完成的回答。

1-6
發散式提問：
讓AI打破固定的思考模式

　　發散提問是指儘可能從多個角度提出問題，從而獲得更多訊息和思路，避免視角單一帶來的局限性。

　　在借助AI創作的過程中，發散提問有哪些妙用呢？當我們缺乏靈感時，使用發散提問可以用AI挖掘更多創意和想法；當我們面臨一個複雜問題時，使用發散提問可以用AI找到更多種可能的解決方案；當我們需要深入研究或分析某個主題或領域時，使用發散提問可以用AI從不同的角度進行探索，挖掘新的資訊；當我們需要做決策或規劃時，使用發散提問可以用AI分析不同選項的優劣，及其可能導致的結果和帶來的影響等等。

　　總之，使用發散提問可以讓AI幫助我們拓展思路、打破常規思維，以更創新和創造性的方式思考問題。

很多人誤以為發散提問就是讓 AI 漫無目的地作答，因此當想要借助 AI 生成一些具有創意的文章標題時，不懂提問技巧的人可能會像下面這樣問。

> ❓ 幫我生成有創意的文章標題。
>
> 🅰️ 當然，以下是一些有創意的文章標題，供您參考。
> 1. 如何在繁忙的生活中保持創造力？
> 2. 未來五年內，我們的工作將發生哪些變化？
> 3. 為什麼創新是企業成功的關鍵？
> 4. 你的自我價值觀如何影響你的職業生涯？
> 5. 用設計思維解決現實生活中的問題
> 6. 新科技如何改變我們的未來？
> 7. 創業者需要了解的八大領域
> 8. 社交媒體對個人和社會的影響
> 9. 以人為本的商業模式如何影響未來的企業？
> 10. 如何利用數據分析提高業務效率？

不難發現，得到的回答確實具有很強的發散性，但我們很難快速得到符合需求的內容。

因為以上的提問過於注重發散性，而忽略了關鍵提示。什麼是 AI 所需的關鍵提示？主要有三點：背景資訊、所需內容和具體要求，把這三點合併為一個整體，即為一個好的發散問題，如以下漏斗圖所示。

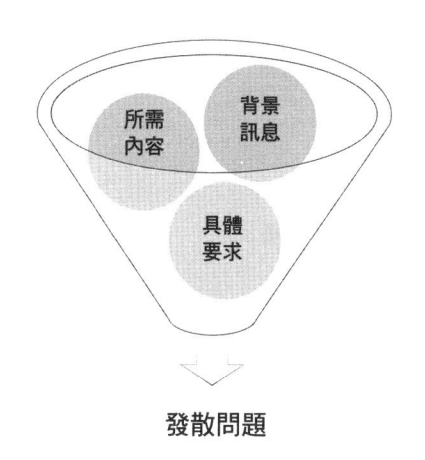

第1章　入門：最常用的6種提問方法

```
       ╱‾‾‾‾‾‾‾‾‾‾‾‾‾‾╲
      │  所需    背景   │
      │  內容    訊息   │
       ╲              ╱
        ╲   具體    ╱
         ╲  要求  ╱
          ╲    ╱
           ╲  ╱
            ▽

         發散問題
```

　　因此，想借助 AI 生成具有創意的文章標題時，我們要給出以下關鍵提示：（1）背景資訊：文章內容（2）所需內容：文章標題數（3）具體要求：能引起讀者好奇心，吸引讀者點擊閱讀。由以上3點，我們很容易就能提出不錯的發散問題，例如：

　　「請閱讀以下文章，幫我生成10個文章標題，要求：能引起讀者好奇心，吸引讀者點擊閱讀。」（文章內容略）

　　「請生成10個文章標題，要求：激發讀者的興趣和好奇心。文章內容概要如下：（略）。」

了解了什麼是發散提問，以及如何運用漏斗圖提出一個好的發散問題後，接下來看看在不同場景下使用發散提問的案例。

❖ 場景 1：提高銷售業績

常規提問 （Before）	❓ 如何提高銷售業績？
發散式提問 （After）	❓ 我是一位女裝服飾店員，請給我 5 個能提高銷售業績的方法，要求：操作簡單易學。

❖ 場景 2：下臉書標題

常規提問 （Before）	❓ 幫我取 5 個關於藍牙耳機的標題。 🅰 好的，以下是 5 個關於藍牙耳機的標題。 1. 這些功能讓你的藍牙耳機變得更具智能 2. 藍牙耳機的優點和劣勢 3. 藍牙耳機的未來：預測和趨勢 4. 如何清潔和保護你的藍牙耳機？ 5. 一款好的藍牙耳機可以帶來哪些便利？
發散式提問 （After）	❓ 請幫我取 5 個優質的臉書文章標題，主題是「推薦幾款藍牙耳機」，要求如下。 1. 突出重點：標題帶有形象生動的詞語或者數字。 2. 簡短精練：標題的字數在 30 以內。 3. 引人入勝：標題能夠引起讀者的興趣和好奇心，使讀者想要進一步閱讀文章。 🅰 根據您的要求，我提供以下 5 個優質的標題。 1. 聽音樂，就選它！藍牙耳機大測評！ 2. 舒適度、音質、外觀設計……如何選擇適合自己的藍牙耳機？ <div align="right">（接下頁）</div>

> 3. 需要一款好的藍牙耳機？來試試我推薦的這幾款吧！
> 4. 從顏值到音質，這幾款藍牙耳機不容錯過！
> 5. 推薦三款最適合運動愛好者的藍牙耳機！

可以看到，使用發散提問與 AI 對話，AI 給的回答更具體，也更能解決我們的實際問題。以下是更多發散提問的應用示例。

應用場景	參考指令
借助 AI 製作 logo	我需要用 AI 生成法式麵包店的 logo，希望 logo 是單色、線性的，請給我 10 個與之相關的法文關鍵字
借助 AI 創作音樂	我需要創作一首音樂的伴奏旋律，該音樂用於幼稚園廣播，主題是「健康快樂成長」，請給我 5 個不同風格的伴奏旋律作參考

實用案例

AI 可以幫我們在使用發散提問時，從多個角度探索分析問題、拓展思路，打破固有的思維模式。在一些需要創意、創新、思考和表達的場景下，非常適合運用發散提問，例如以下幾個常見的應用場景。

1. 資料搜尋：快速獲取海量素材

搜索文字、圖片時，如果很難找到想要的內容，可以嘗試更換搜索時所用的關鍵字，這時不妨讓 AI 提供更多關鍵字。

例如，當利用搜尋引擎搜索與「時間」相關的圖片時，直接輸入關鍵字「時間」所獲得的圖片有限，這時我們可以讓 AI 幫我們發散聯想一些能表達「時間」的具象事物，以結合背景訊息、所需內容和具體要求這三點向 AI 提問。

可以看到，AI 能夠生成更多關鍵字，利用這些關鍵字，我們可以快速獲取豐富的素材，大大提高搜索資料的效率。

❓ 我需要用搜尋引擎搜索與「時間」相關的圖片（背景訊息），請給我 5 個與「時間」相關的關鍵字（所需內容），以便我能搜索到更多能表達「時間」的具象事物的圖片（具體要求）。

🅐 1. 鐘錶：用「鐘錶」「時鐘」「懷錶」等詞彙進行搜索，可以找到各種不同類型和風格的時鐘圖片。
2. 日曆：用「日曆」「月曆」「年曆」等詞彙進行搜索，可以找到與日期和月份相關的圖片，以表示時間的流逝。
3. 沙漏：用「沙漏」「計時器」等詞彙進行搜索，可以找到與沙漏相關的圖片。沙漏是一個傳統的時間測量工具，可用於表示時間的逝去。
4. 時間線：用「時間線」「歷史線」等詞彙進行搜索，可以找到與時間軸相關的圖片，以展示事件發生的順序和持續時間。
5. 碼錶：用「碼錶」等詞彙進行搜索，可以找到與碼錶相關的圖片，以表現競賽或運動等場景。

2. 腦力激盪：生成有創意的金點子

幾乎每個行業或領域都需要有創意的金點子，例如：在市場行銷中，好的創意可以讓廣告、宣傳活動吸引目標受眾、提高品牌知名度和銷售額。

在產品研發過程中，好的創意有利於改進現有產品或設計新產品，以滿足市場需求；面對經營中的問題或挑戰時，企業也可以藉由創新的解決方案提高效率、降低成本或改善流程等等。

以策劃尾牙表演節目為例，先列出發散提問中所需的關鍵提示。

（1）背景訊息：公司即將舉辦尾牙
（2）所需內容：10 個節目
（3）具體要求：互動性強

問答內容如下。

> ❓ 下個月公司要舉辦尾牙，幫我策劃 10 個在公司尾牙上表演的節目，要求：互動性強。
>
> 🅰 1. 合唱：邀請公司員工組成一個合唱團，準備一些流行歌曲，讓他們在尾牙上表演。
> 2. 即時互動遊戲：準備一些簡單的互動遊戲，如投籃遊戲、搶答遊戲等，公司員工可上台參與遊戲並有機會贏得獎品。
> （更多內容，略）
> 10. 魔術表演：請一位有經驗的魔術師表演魔術，並邀請公司員工上台參與，增加互動性和驚喜效果。
> 希望這些建議對您有幫助！祝您的公司尾牙圓滿成功！

利用發散提問，AI不僅能給我們提供一些創意，還能幫助我們從不同的角度思考問題。

3. 教學培訓：拓廣學生的思維能力

授人以魚不如授人以漁，在教學中，教師或培訓師不僅要傳道、授業、解惑，還要教學生如何拓展思路、獨立思考。有時不妨試試用發散，提問讓AI生成一些發散問題，例如：

> ❓ 我是一名PPT培訓師，請給我10個課堂上的發散問題，以幫助學員學會獨立思考、解決PPT製作問題。
>
> 🅰️ 1. 如果你要設計一個引人注目的封面，你會選擇哪些元素和顏色來吸引學員的注意力？
> 2. 當簡報需要使用圖片時，你會如何選擇適當的圖片，以增強訊息傳達效果？
> 3. 如果你想讓學員積極參與互動，你會在簡報中加入什麼元素或對話模式？
> （更多內容，略）
> 10. 當授課時間不足時，你如何精簡簡報內容，同時確保能傳達重要訊息？

在課堂上向學生們提出這些發散問題，可以拓展學生的思路，培養學生自主發現問題、思考問題，及解決問題的能力。

> **注意事項**
>
> 1. AI 生成的創意可能是天馬行空的,因此我們需要結合實際情況做進一步的篩選。
> 2. 當 AI 生成的內容無法滿足我們的需求時,不妨試試向它提供更多情境或背景訊息,經由多次引導 AI 反覆生成回答,來獲取最令人滿意的內容。

第 2 章

進階
讓 AI 幫你解決棘手問題

2-1 問答式提問：讓AI回答指定問題

在工作和生活中，我們常會問各種問題，例如：

今天天氣怎麼樣？

長期熬夜有什麼危險？

螢火蟲為什麼會發光？

紅酒的口感和品質，與產地有關係嗎？

Irregardless 這個單字是什麼意思？

遇到某個領域的知識問題，我們不妨用 AI 充當搜尋引擎，幫我們更有效率地獲取資訊、解決問題。

但如何提出一個好的問答式問題呢?首先我們要了解,問答式問題有哪些類型。

類型一:事實型問題(A是什麼?)
眼淚為什麼是鹹的?
一年有多少天?
赤道週長為多少公里?

類型二:概念型問題(A的含義是什麼?)
什麼是領導力?
什麼是公約數?

類型三:比較型問題(A和B有什麼區別?)
柏拉圖和亞里斯多德的政治思想有何差異?
印象派和立體派的藝術風格有何區別?

類型四:因果型問題(A會對B產生什麼影響?)
長期壓力對人的心理和生理健康,會產生什麼影響?
氣候變化和自然災害,會對地球環境產生什麼影響?
原子和分子的運動方式,會對物質的性質和狀態產生什麼影響?

類型五：假設型問題（假設A，會發生什麼？）

假如人會飛，可能產生哪些新的職業？

假如世界上沒有摩擦力，會發生什麼事？

如果AI擁有情感，它會做的第一件事是什麼？

類型六：方法型問題（如何完成A事情／解決A問題？）

如何進行有效的問卷調查研究？

如何向上管理？

如何提出一個好的問答式問題？

類型七：意義型問題（A對B有怎樣的意義？）

人類的存在對於地球而言，有著怎樣的意義？

教育的意義是什麼？

除此之外，我們還可以把不同類型的問答式問題組合起來，向AI提問，以獲得更豐富的資訊，例如：

事實型問題＋意義型問題：

企業的社會責任是什麼，企業對經濟發展的作用是什麼？

第 2 章　進階：讓 AI 幫你解決棘手問題

假設型問題＋方法型問題：

假設世界上存在哆啦 A 夢的記憶麵包，人類的記憶力能夠增強嗎？我們該如何增強記憶力？

以下是問答式問題的組合使用方式，供大家參考。

事實型問題＋意義型問題：A 是什麼？它對 B 有怎樣的意義？

概念型問題＋比較型問題：A 的含義是什麼？A 和 B 有什麼區別？

概念型問題＋因果型問題：A 的含義是什麼？A 會對 B 產生什麼影響？

假設型問題＋方法型問題：假設 A，會發生什麼？如何解決 B 問題？

在使用 AI 的過程中，可以用問答式提問的場景很多，如下所示。

場景	示例
用 AI 生成配音	事實型問題＋方法型問題
	有哪些 AI 配音工具？如何使用這些工具？
用 AI 設計產品	假設型問題＋比較型問題
	假設你是一名設計系的大一新生，選購電腦時，你更注重電腦的外觀還是性能？

在使用問答式問題向 AI 提問時，AI 有以下優勢。

1. AI 具備廣泛的知識覆蓋面
AI 幾乎可以回答各種主題或領域的問題，如科學、歷史、文化、技術等，回答的內容也具有一定的準確性。

2. AI 能夠理解和解釋複雜的問題
對於絕大部分問題，AI 都能以易懂的方式回答，並且生成流暢、連貫的文本。

3. AI 能夠快速回應
AI 可以在短時間內生成回答。

實用案例

基於以上的優勢，我們可以在下列場景中，有效對 AI 運用問答式提問。

1. 知識查詢：輕鬆學習各門學科
我們可以向 AI 提出關於特定學科領域的問題，並獲取相關解釋、定義、示例和背景知識，從而輕鬆理解和學習各種學科和主題知識。以下是一些向 AI 提問的示例。

科學
量子力學的基本原理是什麼？

什麼是基因編輯技術，它對人類有哪些影響？

歷史

古埃及文明的特點和成就有哪些？

文藝復興是什麼，這一時期對歐洲產生什麼影響？

文學

近期哪位作家獲得諾貝爾文學獎？

現實主義文學的特點和代表作品是什麼？

藝術

印象派繪畫風格的特點是什麼？代表畫家有誰？

誰是文藝復興時期著名的雕塑家？

經濟

哪些因素影響著經濟增長？

誰是現代經濟學中的重要思想家？

2. 學習語言：用 AI 有效提升外語能力

我們在學習一門外語或需要翻譯文本時，可以向 AI 提出有關語法、詞彙、翻譯等方面的問答式問題。AI 會為我們提供語言學習資源、學習方法和翻譯服務。

我們可以這樣提問：

主謂賓結構在英文中的用法是怎麼規定的？有哪些例子？

英文中的時態有哪些，其用法分別是什麼？

「How are you？」在中文裡是什麼意思？

如何提高英文口語的流利程度？

如何克服語言學習中的困難和挫折？

注意事項

1. 雖然 AI 具有豐富的知識庫，但對於法律、醫療等領域的問題，AI 只能提供參考意見，無法提供準確的回答，不能取代專業人員。
2. 遇到較為複雜的問題時，建議使用簡潔、清晰和明確的語言，以便 AI 更容易理解問題，並提供更準確的答案。

2-2
摘要式提問：
快速壓縮長篇資訊

　　摘要提問的應用場景有很多，例如：

　　閱讀新聞報導、學術論文等資料，並需快速理解其核心資訊時。

　　主管指派大量工作任務和要求，自己抓不住重點時。

　　需要快速掌握一部小說的關鍵劇情時。

　　遇到這類情況時，我們可以使用摘要式提問，讓 AI 壓縮長篇資訊，從而幫助我們提煉重點、快速了解文本內容，以及節省時間、提高效率。但如果對問題不加以設計，得到的回覆可能不盡如人意。

　　如以下的案例，提問者本意是想借助 AI 快速閱讀一本書，卻因為提問方式不合理，致使 AI 的回答很籠統。

> ❓ 請概述《哈利波特》這本書。

> 🤖 《哈利波特》一系列暢銷奇幻小說，由英國作家 J.K. 羅琳創作，此系列小說講述了哈利‧波特的冒險故事。他在發現自己是一名巫師後，來到霍格沃茨魔法學校學習魔法，並與好友妙麗和榮恩一起對抗黑巫師佛地魔及其追隨者。
> 這個系列的小說包含大量魔法、神奇生物、魔法物品和魔法世界的歷史與文化，同時也涉及了成長、友情、愛情、死亡等許多深刻的主題。系列小說在全球十分受歡迎，並且被改編成電影、音樂劇、遊戲等多種形式。

那麼，什麼是好的摘要提問？我們可以運用以下的「坐標軸思考法」，輔助提出一個好問題。

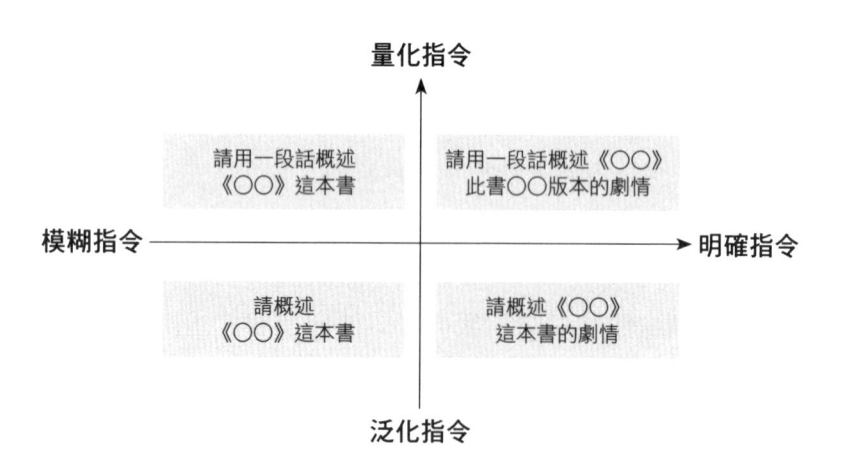

	量化指令	
模糊指令	請用一段話概述《○○》這本書	請用一段話概述《○○》此書○○版本的劇情
	請概述《○○》這本書	請概述《○○》這本書的劇情
	泛化指令	明確指令

第 2 章　進階：讓 AI 幫你解決棘手問題

經由對比上圖四個象限中的問題示例不難發現，摘要提問應帶有「明確」及「量化」指令。以調整後的問題向 AI 提問，得到的回答顯然更符合需求。

> ❓ 請詳細概述圖書哈利波特系列的第一部的劇情。
>
> 🅰️ 《哈利波特 1：神秘的魔法石》是哈利·波特系列的第一部，故事主要講述哈利·波特的成長歷程，以及他在霍格華茲魔法學校中的奇幻冒險。
> 哈利在年幼的時候遭遇一場意外，父母雙亡，但他卻奇蹟般地倖存下來，之後被送到親戚家生活。他被阿姨、姨父虐待，並被告知他的父母死於一場車禍。
> 直到哈利 11 歲的時候，一封神秘的信件揭開了他的身世之謎：原來哈利是一名巫師，他被邀請去霍格華茲魔法學校學習魔法。在學校裡，哈利結識了他的好友——妙麗和榮恩，還有他的主要對手——馬份。
> 他在這裡學習魔法知識、參與魔法實驗，同時也發現許多神奇的生物和魔法物品。還遇到了石內卜教授、麥教授和鄧不利多校長等，許多讓他感到神秘和困惑的人物。
> 然而，哈利也發現了一個隱藏在霍格華茲中的危險——一顆神秘的魔法石，據說它可以讓人長生不老和獲得無限的財富。佛地魔的僕人——食死人也在尋找這顆魔法石，他們的目的是將這顆石頭交給佛地魔。
> 為了保護魔法石，哈利與他的朋友們展開一場冒險之旅，他們克服了許多困難和險阻，最終找到魔法石。在那裡，他們面對著各種陷阱和挑戰，包括迷宮、魔法生物、謎題等。哈利最終戰勝了食死人，成功保護魔法石，並揭開了佛地魔的一部分陰謀。
> 《哈利波特 1：神秘的魔法石》以奇幻的世界觀、有趣的角色和扣人心弦的劇情而廣受讀者喜愛，講述了一個值得一讀的魔法冒險故事。

經由用 AI 概括圖書內容這個案例,相信你已經理解了什麼是摘要式提問及坐標軸思考法。在其他場景中,你也可以使用坐標軸思考法對 AI 提出量化、明確的指令。

❖ 場景 1:提取訊息

常規提問 (Before)	❓ 請精簡以下文字。 我是 ChatGPT,一款由 OpenAI 公司開發的大型語言模型。(更多內容,略)
	🅰️ 我是 ChatGPT,可以回答各種問題和提供多種資訊。作為一款人工智慧模型,我沒有真正的個人生活和思想情感,只是一種基於演算法的智慧體。我能夠理解和處理自然語言,不論英文還是中文,能夠分析和學習語言的語法、語義、邏輯等方面的知識,從而生成符合語法和具有一定意義的回答。我在教育、商業等領域都被廣泛應用,我會不斷更新我的知識庫和技術,為用戶提供更加優質和高效的服務。
摘要式提問 (After)	❓ 請分成幾點提取以下文字的重點內容。 我是 ChatGPT,一款由 OpenAI 公司開發的大型語言模型。(更多內容,略)
	🅰️ ChatGPT 是一款由 OpenAI 公司開發的大型語言模型,能夠回答各種問題,提供各種幫助。 ChatGPT 是一種基於演算法的智慧體,沒有真實的情感和思想。 ChatGPT 在技術層面上,是由數億個參數構成的神經網路模型,能類比人類的思維模式和語言能力。 ChatGPT 在教育、商業等領域都被廣泛應用,能為用戶提供多種形式的幫助和解決問題的方案。 ChatGPT 會不斷更新知識庫和技術,為用戶提供更優質和高效的服務。

❖ 場景 2：編寫論文摘要

常規提問 （Before）	❓ 幫我寫一篇論文摘要。 （論文題目及大綱，略）
摘要式提問 （After）	❓ 請閱讀我的論文題目及大綱，寫一篇 800 字的論文摘要。 （論文題目及大綱，略）

❖ 場景 3：理解主管語意

常規提問 （Before）	❓ 主管的這段話到底是什麼意思？ （主管的話，略）
摘要式提問 （After）	❓ 請用一段話總結以下文字的要旨。 （主管的話，略）

更多使用摘要式提問的場景和參考指令如下。

應用場景	參考指令
用 AI 制作 PPT	幫我精簡以下 PPT 的標題，控制在 8 個字以內 （PPT 標題，略）
用 AI 創作 短影片腳本	請幫我精簡這份短影片腳本，腳本只需包含場景、畫面、台詞，並且用表格呈現 （短影片腳本，略）

秒懂 AI 提問：讓人工智慧提升你的工作效率

> **實用案例**

在今日這個資訊爆炸的時代，我們無時無刻都在接收各種訊息，但絕大部分是無用的訊息，而且會帶來干擾。但善用摘要式提問後，可以剔除不必要的訊息，只擷取關鍵資訊，大大提升學習和工作效率。以下是幾個摘要式提問的常見應用場景。

1. 整理知識庫：讓知識庫條理清晰

很多人在建立知識庫時，往往會大量搜集某個領域的相關知識，久而久之，知識庫裡充滿各種文件、連結，使資訊過於分散、超載、混亂。

例如，我們建立了一個關於工作效率的知識庫，其中有多篇關於工作效率的長篇文章，這時不妨使用摘要提問，借助 AI 提煉文章的精華或重點知識。

我們可以這樣向 AI 提問：

請閱讀以下關於工作效率的文章，圍繞「如何提高工作效率」這一主題做分點說明。（文章內容，略）

請精簡以下文字，並用表格的形式說明影響工作效率的因素有哪些。（文字內容，略）

接著我們可以將 AI 生成的內容進行分類整理，最終搭建一個內容精簡、條理清晰的知識庫。

2. 梳理目標計畫：讓工作更有計畫性

面對繁雜的 KPI、主管的要求、客戶的需求⋯⋯很多職場人士感到工作一團亂，無從下手。

這時不妨使用摘要式提問，讓 AI 幫我們提煉各種會議、報表的關鍵資訊，從繁雜的工作中梳理出清晰的脈絡，從而快速確定目標和計畫。我們可以參考如下形式做提問。

(1) 想理解客戶需求時

> ❓ 我是一名平面設計師，客戶要我做一張產品宣傳海報，請從以下的客戶的需求中，幫我歸納出客戶想要的海報風格。
> 海報目的：宣傳一款最新上市的耳機。
> 耳機受眾：運動愛好者，20～35 歲。
> 耳機特點：防汗防水、配戴穩定、適合運動時佩戴。
> 海報文案：無線自由，釋放激情。
> 海報場景：運動場上，一位充滿活力的運動者，戴著我們的運動耳機，專注於運動。
> 海報的尺寸：A3 或 A2，直式排版。
> 海報發布管道：臉書、IG 等新媒體平台。
> 其他要求：吸引眼球、色彩鮮豔。
>
> 🅰 根據客戶的需求，可以確定客戶想要的海報風格如下。
> 1. 動感活力風格：客戶希望海報能夠傳遞活力和運動感。你應使用動態線條、流暢的曲線和運動元素，來營造充滿活力的氛圍。並運用漸變色彩、流動的圖形效果等，來表達耳機的無線

（接下頁）

自由和釋放激情的概念。
2. 年輕時尚風格：運用時尚的排版、流行的圖示和年輕化的元素，展示產品的潮流屬性，提高其與年輕受眾的契合度。

結合這些因素，你可以設計一張具有動感活力、年輕時尚和突出產品特點的海報，以吸引目標受眾的注意力，並在新媒體平台上進行宣傳。

(2) 想理解主管要求時

❓ 主管的這幾段話表達了對我的工作期望，請從中提煉出我的下一步工作目標。

「今天找你，是想簡單聊聊你近期的工作表現和成果。首先，我很欣賞你的創意和設計風格，非常獨特，往往能帶來新鮮感和視覺衝擊力，這一點很好。你的設計作品也常得到客戶讚賞，這對提升品牌影響力有很大幫助。

不過，我也注意到一些需要改進的地方。例如，和客戶溝通時，有時可能沒有完全理解客戶的需求。但充分理解客戶的需求，才有助於後續的溝通和設計，對吧？我希望你在這方面繼續加強。

此外，在設計過程中，你可能過於在意個人的審美觀，忽視了專案的整體要求和目標，比如之前為〇〇公司的包裝設計。個人審美觀的確很重要，但是團隊合作、與其他部門協調也很重要，滿足客戶的期待更是我們的核心目標。我相信，你有能力克服這些挑戰、解決這些問題。

最後我想說，作為一名優秀的平面設計師，你在團隊中扮演很重要的角色，不斷學習和成長也是非常重要的。我希望你可以積極參加相關的培訓，保持對設計趨勢和新技術的關注。最後，你要多多和部門內的夥伴們交流，分享經驗和靈感，這對提升設計水準也有幫助。

今天說了這麼多，我對你還是很有信心的……」

🅰️ 根據主管的話，可以提煉出下一步的工作目標，具體如下：
1. 提升與客戶溝通的能力：努力充分理解客戶的需求，確保在溝

（接下頁）

通和設計過程中更能掌握客戶的要求，以便提供更精準的設計方案。
2. 平衡個人審美觀與專案要求：在設計過程中，注意平衡個人審美觀和專案的整體要求和目標；與團隊合作和其他部門協調，確保設計作品能夠滿足客戶的期望，並以此為核心目標。
3. 持續學習和成長：作為一名優秀的平面設計師，要不斷學習和成長，積極參加相關的培訓和學習機會，保持對設計趨勢和新技術的關注，提升自身設計能力和專業知識水準。
4. 與部門同事交流和分享：與部門的同事積極合作，共用經驗和靈感；經由交流和合作，互相學習和借鑒，提升自己的設計水準和團隊整體效能。
5. 堅定信心並尋求支持：展現出對自己的信心，並在需要時尋求領導和團隊的支持；當面臨挑戰和問題時，相信自己有能力克服並解決，並懂得向相關人員求助。

注意事項

1. AI 可以精簡各種長度的文本，和提取關鍵資訊。
2. 使用摘要提問時，最好為 AI 提供以下訊息：原始文本、摘要長度（指定所需的摘要長度或字數）、摘要類型（例如，是要生成概括摘要還是詳細摘要）。總之，訊息要完善，指令要明確、可量化。
3. 如果 AI 生成的摘要有誤或太長，可以命令它繼續修改。
4. 向 AI 提問時，不要洩露公司和客戶的商業機密，且要保護好個人隱私。

2-3
對話式提問：讓溝通更加人性化

你是否遇過這種情況，主管在 LINE 上傳給你三個字：「辛苦了」，這時應該怎麼回覆？

與其苦思冥想，不如用對話式提問讓 AI 幫你生成回覆內容，從中選擇一句給主管回覆。你是不是打算這樣向 AI 提問：

> ❓ 當主管說「辛苦了」，要怎麼回覆？
>
> 🤖 回覆可以根據具體情況和上下文來決定，以下是幾種常見的回覆方式。
> 1. 謝謝，我會繼續努力工作的。
> 2. 沒關係，這是我的責任。
> 3. 感謝您的鼓勵，我會繼續為團隊做出貢獻的。

（接下頁）

> 4. 辛苦是值得的，團隊一起努力才能取得成果。
> 5. 謝謝您的關心，您的支持對我很重要。
> 可以根據你與主管的關係、工作環境和個人風格，來決定用哪種回覆方式。

此時 AI 生成的回覆很多，但缺乏針對性，這是因為我們在發給 AI 的指令中，缺少對話的具體場景和上下文等訊息。在使用對話式提問時，我們提供的訊息越詳細，AI 生成的回覆品質會越高。例如：

> ❓ 和團隊一起加班完成工作後，主管對我說「辛苦了」，我該怎麼回覆？回覆要求：有禮貌、內容簡潔明瞭，同時表達感謝。
>
> 🅰️ 你可以回覆以下內容：
> 非常感謝您的關心，這是我們團隊共同努力的結果。
> 這個回覆既顯得有禮貌，也簡潔明瞭，同時表達了感謝之情，並且強調團隊的合作精神，展現了你對團隊貢獻的認可。同時，這個回覆也可以讓領導感到你不是個人英雄主義者，而是重視團隊合作的人。

實際提問過程中，我們應該從哪些面向展開思考、提出背景訊息呢？可以參考以下的中心環繞圖，來幫助分析和思考。具體來說，在使用對話式提問時，為了確保對話的準確性和品質，我們可以向 AI 提供以下訊息。

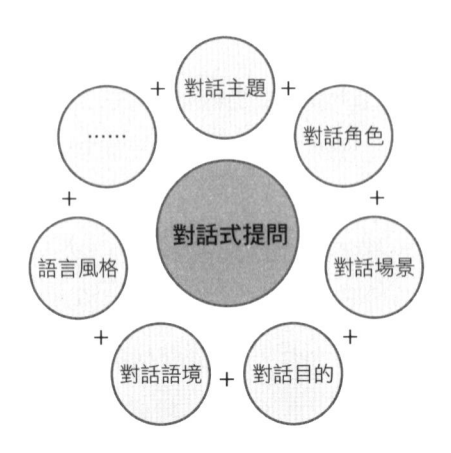

```
        …… + 對話主題 +
              對話角色
   語言風格  對話式提問  對話場景
        對話語境 + 對話目的
```

- 對話主題：希望 AI 生成對話的主題是什麼，例如旅遊、科技、文化等。
- 對話角色：對話參與者的身份是什麼，對話參與者之間有怎樣的關係。
- 對話場景：對話在怎樣的場景中展開。
- 對話目的：對話想要達成什麼樣的結果。
- 對話語境：我們可以提供對話的上下文，使 AI 能夠生成連貫的對話。
- 語言風格：希望生成的對話採用何種語言風格，例如正式、輕鬆、幽默等。
- 對話長度：需要生成多長的對話內容。
- 參考資料：向 AI 提供一些參考資料，例如相應主題的百科辭條、相關文章、對話樣本等。

實際使用時,我們不需把每一項背景訊息都寫出來,但要做到心中有數,以便隨時調整和改進問題,從而獲得更滿意的回覆。更多對話式提問的場景如下。

❖ 場景 1:用 AI 寫短影片對話

> ❓ 幫我寫一段對話,用於短影片腳本。
> 對話角色:主管 A 和員工 B。
> 對話場景:快下班了,主管要求員工加班。
> 對話目的:讓員工以有憑有據、不得罪人的方式拒絕加班。
> 短片長度:1 分鐘。

❖ 場景 2:寫直播互動對話

> ❓ 我是直播室的一名直播主,幫我寫一段用於直播互動的對話。
> 對話角色:直播主和觀眾。
> 對話場景:短片直播室。
> 對話目的:向觀眾推銷原價 299 元、特價 99 元的口紅。
> 語言風格:充滿激情、有活力。

實用案例

AI 具有強大的文本分析能力,在特定情況和一定程度上,能代替人類完成一些自動化的對話。

同時由於 AI 具有驚人的學習能力、超強的發散性「思考」能力,它所生成的對話,往往帶給人意想不到的驚喜。

1. 小說創作：真實對話使讀者身歷其境

創作小說時，作者往往需要考慮：什麼時候角色該說話、說什麼、如何讓不同性格的角色說出合適的話、如何處理每位角色的特殊語言表達……

此外，站在讀者的角度，作者還需要思考：如何經由對話把角色的動機傳達給讀者、如何經由對話刻畫角色的內心世界等等。

由此可見，編寫小說角色對話並不是一件簡單的事情，需要具有豐富的閱歷和想像力。當我們不知從何下筆或遇到創作瓶頸時，不妨借助AI生成對話，讓角色之間的對話更具真實性、更符合個性。我們可以像下面這樣提問。（僅展示AI回答的部分內容）

可以看到，用AI生成小說中的角色對話，有時能帶給我們意想不到的驚喜，幫助我們塑造人物、構思故事。

❓ 請幫我寫一段小說中的對話。
對話角色：森林獵人傑克、會說話的野兔。
對話場景：傑克在森林裡打獵，看到一隻野兔，就在扣下扳機前，野兔開口說話了。
對話目的：野兔要說服傑克放下獵槍。

🅰️ 傑克：（緊握獵槍，準備扣下扳機）今天終於有機會獵到一隻野兔了！準備好了，小傢伙！
野兔：（突然開口）等一下等一下，不要開槍！
傑克：（驚訝地停下動作）什麼？你…你…居然會說話？
野兔：對，我會說話！請不要開槍，我們好好聊一聊吧。

（接下頁）

> 傑克：（疑惑地放下獵槍）這可真是奇怪，我從來沒見過會說話的野兔，你有什麼事要和我說嗎？
> 野兔：我知道你是個獵人，但請聽我說幾句。我也是大自然中的生物，和你一樣有生命，我只是想活下來。
> 傑克：可是打獵是我養家糊口的方式。你理解的，對吧？
> 野兔：我明白你的處境，但是不是有其他辦法能夠維持你的生活呢？我也有家庭和孩子，希望我們能夠相互**尊重**和和平共存。
> 傑克：（陷入沉思）或許你說得對。其實我一直沒想過這個問題，我只是肩負養家糊口的使命，也追求打獵的刺激。
> （更多內容，略）
> 野兔和傑克一起走向森林深處，開始了一段新的友誼和冒險。他們明白彼此的立場，並且決心共同守護這片森林。從那天起，傑克成了森林的守護者。

2. 客戶服務和諮詢：模擬對話生成問答手冊

客服通常需要和客戶對話、了解客戶的需求，從而為客戶解決問題，並提供相關支援。

我們不妨讓 AI 分別扮演客戶和客服的角色，並生成「自問自答」式對話，這有助於我們編制《客服常見問答手冊》或《客服培訓手冊》。我們可以像以下的提問方式。（僅展示 AI 回答的部分內容）

> ❓ 我是書店的客服人員,請你生成客戶與客服之間的對話,長度不限,目的是幫助我編制《客服常見問答手冊》。

> 🤖 客戶:你好,請問我可以在你們的網站上購買電子書嗎?
> 客服:您好!感謝您的諮詢。是的,我們的網站提供電子書的購買服務。您可以使用搜索欄或者瀏覽相應的電子書分類,來找到感興趣的電子書。選擇好電子書後,請將它添加到購物車並完成支付。然後您將獲得電子書的下載連結,或在您的帳戶中找到相關的下載選項。
> 客戶:如果我購買的實體書有品質問題或者個人不滿意,可以退貨嗎?
> 客服:當然可以!如果您購買的實體書存在品質問題或不滿意,我們提供退貨和退款服務。請您在收到書籍後仔細檢查,並在一定時間內聯繫我們。我們將告知您退貨的具體流程,並根據退貨和退款政策為您辦理退款事宜。
> (更多內容,略)

注意事項

1. AI 缺少人類的情感,生成對話時可能無法準確地感知和表達情緒,從而導致結果有偏差和誤導性。
2. AI 生成的對話還需進一步修改,避免產生不當言論和造成不良影響。
3. 使用對話式提問時注意不要洩露隱私,需要加強隱私保護,以保障資料安全。

2-4 資訊一致性提問：確保答案不「跑偏」

在向 AI 提問的過程中，很多人說 AI 常會「一本正經地胡說八道」，其實這和我們提問時提供的資訊不當，有很大的關係。

你有沒有遇過這種情況：跟朋友聊天，聊著聊著突然發現雙方聊的根本不是同一件事，簡直是雞同鴨講，這就是資訊不一致導致的溝通中常見的問題。例如以下場景：A 和 B 正在討論一部電影。

A：你看過講述一個普通人最後成為英雄的電影嗎？

B：哦，我知道你在說哪部，那部電影叫《阿甘正傳》，真的很感人！

A：不對啦，我說的是《蜘蛛人》。

> 那部電影叫《阿甘正傳》
>
> 我是指《蜘蛛人》

在這個例子中,A提供的背景資訊和B所理解的不一致,導致B有所誤解造成尷尬。如果使用資訊一致性提問,A應該這樣問:「你看過那部講述普通人最後成為超級英雄的電影嗎?它是美國導演鮑勃・佩爾西凱蒂在2018年執導的作品。」

> **Tips**
> 資訊一致性的提問,是透過明確且確保問題中的資訊一致,幫助AI更精確地理解提問者的問題,從而生成符合預期的回答。

要確保資訊一致,要注意以下3個關鍵點。

1. 保持主題一致

一次提問儘量只涉及一個主題,因為多個主題可能導致資訊混亂,影響一致性。

2. 提供足夠的資訊

需提供與問題相關的上下文資訊,幫助 AI 理解問題的背景,有助於確保 AI 的回答與問題一致。

3. 分步提問

如果問題較複雜,可拆分成多個簡單的問題,逐個提問,可使資訊更加一致、清晰。

遵守以上 3 個關鍵,可以確保向 AI 提問時資訊一致,從而提高溝通效率和 AI 回答的準確性。下面來看兩個具體的例子。

❖ 場景 1:投資建議(保持主題一致)

常規提問 (Before)	❓ 我的風險承受能力屬於中等,應該投資什麼? 🤖 您可以考慮股票、債券、基金等多種投資產品。在投資前,請確保對投資產品有充分了解,或尋求專業投資顧問的建議。
資訊一致性 提問 (After)	❓ 我的風險承受能力屬於中等,應該選擇哪一類股票做投資? 🤖 風險承受能力中等,在選擇股票投資時,建議您採取長期投資策略,選擇有穩定獲利能力和良好基本面的企業。此外,您還應該關注公司的財務狀況、行業前景、管理層素質等因素,做全面性的分析和評估。

(接下頁)

> 另外,建議您控制好投資風險,採取適當的分散投資策略,避免過度集中於某些個股。同時,也要注意市場波動和風險變化,及時調整投資組合。

在這個例子中,由於投資產品很多,為了確保 AI 快速識別主題,可在提問中限制投資產品為股票,這有助於 AI 提供更具體的投資建議。當然,AI 技術及應用並非完美,其建議只能作為參考。

❖ 場景 2:程式設計學習(提供足夠的資訊)

使用資訊一致性提問時,需要提供足夠的資訊,如具體的程式設計語言、問題和現有方法,這可使 AI 給予更有效的建議。

常規提問 (Before)	❓ 如何改良我的程式碼?
	🅰 為了提供具體的改善建議,我需要了解您的程式碼、程式設計語言,以及您可能遇到的問題。請提供更多詳細資訊,以便為您提供幫助。
資訊一致性 提問 (After)	❓ 我正在使用 Python 開發一個計算斐波那契數列的程式,目前採用遞迴的方式,但執行速度較慢。你能提供一些改善建議或替代方案嗎?
	🅰 針對您使用 Python 計算斐波那契數列的問題,可以考慮使用動態規劃或反覆運算的方法改進您的程式

(接下頁)

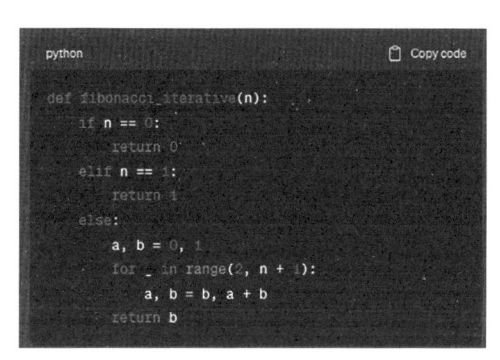

碼。以下是一個使用反覆運算方法的範例：

```python
def fibonacci_iterative(n):
    if n == 0:
        return 0
    elif n == 1:
        return 1
    else:
        a, b = 0, 1
        for _ in range(2, n + 1):
            a, b = b, a + b
        return b
```

資訊一致性提問，多用於需要在特定背景下獲取答案的情形。AI 可以證明驗證和核查資料、條件、邏輯、規範的一致性，提高工作效率並減少人為錯誤的發生。來看看資訊一致性提問在更多場景下的應用案例。

❖ 場景 3：報告評估

常規提問 （Before）	❓（研究報告，略） 幫我分析這份研究報告的可行性。
資訊一致性 提問 （After）	❓（研究報告，略） 研究報告的結果是否基於正確的數據分析？

分析：使用常規提問，AI 關於可行性的判斷只針對研究報告；使用資訊一致性提問，AI 會檢查研究報告中的

結果和數據是否有偏差,以判斷研究報告的可行性。

❖ 場景 4:軟體程式碼檢查

常規提問 (Before)	❓(軟體程式碼,略) 幫我檢查一下程式碼有沒有 bug。
資訊一致性 提問 (After)	❓(研究報告,略) 這段程式碼中的語法邏輯,是否前後保持一致?

分析:常規提問中,與「bug」有關的內容較寬泛,AI 不易準確掌握;使用資訊一致性提問,明確要求 AI 檢查程式碼中的語法邏輯的一致性,這有助於 AI 找到程式碼存在的問題。

❖ 場景 5:產品檢驗

常規提問 (Before)	❓(產品設計思路和製造指南,略) 產品設計思路是否存在缺陷?
資訊一致性 提問 (After)	❓(產品設計思路和製造指南,略) 產品設計思路與製造指南的規範是否一致?

分析:常規提問中,缺陷可能是一個無法檢查和量化的問題;使用資訊一致性提問,可明確要求 AI 核對產品

設計思路和製造指南的規範是否一致,這有助於 AI 分析可能存在的一致性問題。

實用案例

與 AI 交流時使用資訊一致性提問,不僅可以大大提高 AI 解決問題的效率和準確性,在資訊核查、資訊比對等任務中也非常有用,以下是具體的應用場景。

1. 資訊查核:讓 AI 檢查出錯誤內容

在資訊查核方面,AI 不僅能夠查核外部資訊,甚至可以查核它自身輸出的資訊。例如,要求 AI 分析一篇小說的背景資訊是否符合 18 世紀 30 年代的史實,並讓其提供修改建議。

> ❓ 我正在寫一篇小說,背景設定在 18 世紀 30 年代的法國,主角的朋友是一位剛發明蒸汽機的科學家。這個背景設定合理嗎?
>
> 🅰 你的設定可能與史實有些出入。蒸汽機的發明早於 18 世紀 30 年代,且主要的發明地並非法國。蒸汽機最早在 17 世紀末發明,並在 18 世紀初由英國的湯瑪斯・紐科門所改進。此外,18 世紀 30 年代的法國,其社會政治環境以啟蒙運動為主,如果你希望以這個背景寫小說,需要擬定一個與這個時代的社會和科學發展,更緊密相連的主題。

(接下頁)

> ❓ 針對以上史實，應該如何修改和提升呢？

> 🅰 針對以上史實，你可以考慮以下修改和提升建議。
> 1. 調整發明：將小說中主角的發明，調整為與18世紀30年代法國的科技發展更相關的發明。例如，你可以讓主角研究氣體、化學反應或光學原理等與啟蒙運動相關的科學領域。
> 2. 調整時代背景：保留主角發明蒸汽機的設定，但將小說的背景調整至18世紀初的英國，這與湯瑪斯・紐科門改進蒸汽機的時間相符。
> 3. 強調國際合作：可以設定主角與18世紀30年代的法國與其他國家的科學家（例如英國的湯瑪斯・紐科門）合作，共同改進蒸汽機，從而體現當時歐洲各國科學家間的交流與合作。
> 4. 添加啟蒙運動元素：在小說中強調與啟蒙運動相關的事件和人物，使故事更貼近18世紀30年代法國的社會政治環境。例如，主角可能與伏爾泰、盧梭等啟蒙思想家有交流，或者受到他們思想的影響。
>
> 這些修改和優化建議可以使你的小說背景更貼近真實歷史，同時保持故事的吸引力。

2. 資訊比對：讓AI利用自身資料庫比較內容

AI工具大量出現後，很多人選擇用AI來寫論文，對此老師很頭痛：如何避免學生過度依賴AI進行學術論文寫作呢？

一位老師找到了一個好的驗證方法，對於學生交上來的論文，他會問ChatGPT：「這是你寫的嗎？」結果真的發現有幾篇論文的主題和寫作風格和ChatGPT的創作相符，他拿著證據一問學生，學生就承認了。

第 2 章 進階：讓 AI 幫你解決棘手問題

> ❓（論文的一部分，略）
> 這是你寫的嗎？
>
> 🅰 我是一個人工智慧模型，沒有個人身份和記憶，但是，這段內容的風格和主題與我提供的訊息相符。

注意事項

1. 使用資訊一致性提問前要明確問題的範疇，確保 AI 能夠生成與問題範疇一致的內容。
2. 問題中包含的資訊越詳細越好，以便 AI 能更準確地分析問題。
3. 根據 AI 的回答的品質，適時調整提問策略，例如提供更多上下文或重新表述問題。

2-5
資訊整合提問：高效整合資料並解決問題

在學校和職場中，要想更有效率地解決問題、達成目標，獲取資訊是基礎，整合資訊是關鍵。掌握資訊整合提問，就掌握了獲取知識、解決問題的關鍵能力。

例如以下這個場景：你正在做一個新專案的前期調研，需要分析兩家競爭對手公司的相關資訊。以下是 3 種向 AI 提問的方式。

提問一

❓ 請幫我搜集競爭對手 A 公司、B 公司的基本資料。

🤖 以下是關於這兩家公司的基本資料。

（接下頁）

第 2 章　進階：讓 AI 幫你解決棘手問題

A公司
1. 是一家美國零售巨頭，也是世界上最大的零售公司之一，經營各類產品，包括食品、家居用品、電子產品、服裝等。
2. 經營模式主要包括大型超市和會員制倉儲式商店，也在電子商務領域有所發展，並經由線上平台銷售產品。
3. 致力於提供低價產品，以吸引廣大消費者。採取積極的採購策略和供應鏈管理策略，以降低成本，並經由規模經濟獲得競爭優勢。
4. 在全球範圍內，A公司在許多國家都有分公司，並且在一些國家經由合資方式進行業務拓展。

B公司
1. 是一家總部位於美國的會員制倉儲式零售公司，成立於1983年。它在全球經營各類產品，包括食品、家居用品、電子產品、家具等。
2. 採用會員制模式，消費者需支付會員費才能購買產品。這種模式有助於該公司提供低價產品，並吸引忠實的會員群體。
3. 注重為會員提供高品質的產品和良好的購物體驗，它以大宗採購和精簡運營為基礎，經由降低成本和提高周轉率來獲利。
4. 在全球有許多分店，包括美國、加拿大、墨西哥、英國、日本等國家。

提問二

> ❓ 請告訴我競爭對手A公司和B公司的市場占有率、產品特點和價格策略。

> 🅰️ 以下是關於A公司和B公司的市場占有率、產品特點和價格策略的資訊。
>
> **A公司**
> 1. 市場占有率：是全球最大的零售公司之一，根據2019年的資料，它在美國的市場占有率約為11%。
> 2. 產品特點：經營各類產品，包括食品、家居用品、電子產品等；為消費者提供廣泛的選擇，以滿足不同消費者的需求；擁有自有品牌，且在某些領域提供高科技產品，如電子設備。

（接下頁）

111

3. 價格策略：以提供低價產品著稱，採取積極的採購策略和供應鏈管理策略以降低成本；經由規模經濟和高周轉率來獲利，並將成本優勢轉化為價格優勢；還提供價格匹配政策，確保消費者可以享受到最低價格。

B 公司
1. 市場占有率：根據 2020 年的資料，在美國的市場占有率約為 2%；儘管市場占有率相對較小，但在會員制倉儲式零售市場中，具有一定競爭優勢。
2. 產品特點：提供各類產品，包括食品、家居用品、電子產品、家具等；以大容量包裝和大宗銷售為特點，可滿足消費者在家庭或商業方面的需求；擁有自有品牌，並以提供高品質的產品著稱。
3. 價格策略：價格策略基於會員制模式，消費者支付會員費後可以獲得購物資格，並享受較低的價格。

提問三

❓ 請按照市場占有率、產品特點和價格策略，分別對競爭對手 A、B 公司進行比較。

🤖 市場占有率

A 公司在全球零售市場中擁有較大的市場占有率，是世界上最大的零售公司之一。根據 2019 年的資料，A 公司在美國的市場占有率約為 11%。

相比之下，B 公司在零售市場中所佔的占有率較小。根據 2020 年的資料，B 公司在美國的市場占有率約為 2%。

產品特點

A 公司經營各類產品，包括食品、家居用品、電子產品、服裝等。為消費者提供廣泛的選擇，以滿足不同消費者的需求。也擁有自有品牌，並在某些領域提供高科技產品，如電子設備。

B 公司同樣提供各類產品，包括食品、家居用品、電子產品等。以大容量包裝和大宗銷售為特點，可滿足消費者在家庭或商業方面的需求。也以提供高品質的產品著稱，並擁有自有品牌。

（接下頁）

第 2 章　進階：讓 AI 幫你解決棘手問題

價格策略
A 公司以提供低價產品著稱，經由採用積極的採購策略和供應鏈管理策略降低成本，以規模經濟和高周轉率獲利。還提供價格匹配政策，確保消費者可以享受到最低價格。
B 公司的價格策略基於會員制模式。消費者支付會員費後可以獲得購物資格，並享受較低的價格。經由批發採購和精簡運營降低成本，並將成本優勢轉化為價格優勢。公司主要依賴會員費收入實現獲利。
整體來說，A 公司在全球市場占有率較大，以提供廣泛選擇和低價產品為特點。B 公司雖然市場占有率較小，但以會員制模式、大容量包裝和提供高品質產品著稱。兩家公司在產品特點和價格策略上都有一些相似之處，但 A 公司在全球擴張和規模經濟方面更具優勢，B 公司則專注於會員制倉儲式零售模式。

❓ 幫我用表格的形式整理以上資料。

公司	市場占有率	產品特點	價格策略
A	全球最大的零售公司之一	提供廣泛選擇和低價產品，包括食品、家居用品、電子產品、服裝等	採用積極的採購策略和供應鏈管理策略降低成本，以規模經濟和高周轉率獲利，提供價格匹配政策
B	相對較小的市場占有率	產品豐富，包括食品、家居用品、電子產品、家具等	採用基於會員制模式的價格策略，消費者支付會員費後可以獲得購物資格，享受較低的價格，以批發採購和精簡運營降低成本

　　在這個場景中，採用第一種提問方式，只能獲得兩家公司的基本資訊。第二種提問方式在第一種的基礎上，對要獲取的資訊做分類，這有利於 AI 整合資訊，幫助提問者了解競爭對手。

　　第三種提問方式在第二種的基礎上，要求 AI 整合對比不同的面向，這有利於提問者針對不同對手，來制訂相

應的策略。

資訊整合提問是指融合多個資訊源、知識或觀點，並梳理和分析，以解決特定問題或滿足用戶需求，其使用場景舉例如下。

❖ 場景 1：把資訊分類

常規提問 （Before）	❷ 請告訴我紅酒的品種和產地。
資訊整合提問 （After）	❷ 請按品種和產地，分類法國、義大利和西班牙的紅酒。

❖ 場景 2：提供建議

常規提問 （Before）	❷ 如何減肥？
資訊整合提問 （After）	❷ 請從飲食、運動和生活習慣這三方面，提供我減肥建議。

❖ 場景 3：制訂學習計畫

常規提問 （Before）	❷ 如何提升英語聽力能力？
資訊整合提問 （After）	❷ 請按照初級、中級和高級三個階段，分別為我制訂英語聽力提升計畫。

在整合資訊時,我們可以從以下角度考慮。

1. 主題角度

按照特定的主題整合資訊。例如,若想了解某個科技領域的發展,可以收集相關的科技新聞、研究論文、專家觀點等,讓 AI 把它們整合在一起,就能得到該領域的綜合資訊。

2. 時間角度

按照時間順序整合資訊,有助於我們了解某事件或主題的發展過程。我們可以查找歷史資料、新聞報導、研究報告等,讓 AI 按照時間順序整理並分析,從而為我們提供全面的資訊。

3. 觀點角度

按照不同的觀點或立場整合資訊,這有助於我們了解有關單一問題單的多方面看法。可以收集不同作者、專家或團體的觀點、研究成果、評論等,讓 AI 對它們整合和分析。

4. 跨學科角度

從多個學科的角度整合資訊。當某些問題或主題涉及多個學科時,可以收集來自不同學科的相關文獻、研究報告、專家意見等,讓 AI 將它們整合在一起,形成跨學科的綜合資訊。

5. 媒體角度

從不同的媒體管道整合資訊。對於某個事件或主題，不同的媒體平台和管道，包括新聞媒體、社交媒體等，可能呈現不同資訊。因此可以收集來自不同媒體的相關資訊，讓 AI 整合和比較，以獲取更全面和多樣化的資訊。

以上角度還能相互結合使用，我們可根據自身需求和資訊來源的特點，選擇最恰當的資訊整合方式。

實用案例

AI 具備高效獲取、處理和整合不同資訊的能力，可以針對提問提供準確、全面的回答。資訊整合提問還常用於投資決策、旅遊規劃和故障診斷等多種場景，舉例如下。

1. 投資決策：讓 AI 幫你分析股票投資價值

投資者可以讓 AI 整合多個資訊源，以分析某公司的股票投資價值。在這個過程中，AI 可以幫助投資者了解該股票的投資價值和潛在風險，從而做出更明智的投資決策。

需要強調的是，AI 技術及應用並非完美，其給的結果僅能作為參考。

第 2 章　進階：讓 AI 幫你解決棘手問題

> ❓ 從財務數據、產品線、創新能力、競爭對手等因素,幫我分析蘋果公司股票的投資價值。
>
> 🅐 我可以幫你分析蘋果公司股票的投資價值,但請注意這不是投資建議,僅供參考。
> 根據財務數據,……
> 從產品線來看,……
> 從創新能力來看,……
> 從競爭對手來看,……
> 綜上所述,蘋果公司股票的投資價值,取決於你對其未來發展的預期和信心。如果你認為該公司能繼續保持其創新優勢和品牌影響力,並在新興領域取得突破和領先,那麼投資該公司股票是一個不錯的選擇。如果你擔心該公司會受到來自競爭對手的壓力,並且對其增長潛力有所懷疑,那麼可能不適合你投資。

2. 旅遊規劃:整合資訊,規劃旅遊行程

如果因為太忙而沒時間規劃旅遊行程,我們可以讓 AI 整合多個平台的資訊給予推薦,再根據自己的需求和喜好,篩選出合適的目的地。

> ❓ 針對即將到來的國慶日連假,請整合○○○這三大旅遊網站的訊息,分析旅遊景點、住宿、交通和餐飲等方面的資料,為我推薦一個適合一家三口出遊的目的地,並規劃行程安排。
>
> 🅐 我可以根據你的要求,為你規劃一個適合一家三口出遊的行程安排。根據網路上的旅遊攻略,我為你推薦以下幾個目的地和行程安排。但請注意這不是旅行建議,僅供參考。
> 目的地一:江西婺源
> 婺源是中國最美的鄉村之一,被譽為「中國最美的鄉村畫卷」。

（接下頁）

> 婺源有著秀美的自然風光和深厚的人文底蘊,是一個適合親子遊的好地方。
> 行程安排:
> (更多內容,略)

3. 故障診斷:幫助檢查和解決問題

如果電子設備故障,比如電腦突然無法開機,可以試著將電腦顯示的錯誤訊息讓 AI 分析,並檢查相關問題。

> ❓ 我的筆記型電腦無法正常啟動,作業系統是 Windows,我聽到了一連串的嘟嘟聲,請幫我判斷一下問題。
>
> ---
>
> 🤖 根據您描述的嘟嘟聲,這可能是與記憶體模組有關的問題,請按照以下步驟檢查:
> 1. 關閉筆記型電腦並拔掉電源線。
> 2. 拆下電池(如果可拆卸的話)。
> 3. 按住電源鍵 10 秒鐘,以排除殘餘電力。
> 4. 打開筆電底部的記憶體插槽蓋(可能需要使用螺絲刀)。
> 5. 檢查記憶體模組是否正確安裝。如果有多顆記憶體模組,請試著交換它們的位置。
> 6. 重新安裝電池並接上電源。
> 7. 嘗試啟動筆記型電腦。
>
> 如果問題仍然存在,請告訴我,我們將繼續檢查其他可能的原因。

第 2 章　進階：讓 AI 幫你解決棘手問題

> **注意事項**
>
> 1. **判斷訊息相關性**：如果發現答案中包含與問題不相關的訊息，請調整問題描述，以獲得更準確的答案。
> 2. **多角度提問**：嘗試從不同的訊息源和角度提問，比較各個答案的異同，以獲得更全面和客觀的結論。
> 3. **多角度分析**：從多個角度審視 AI 給的答案，以便發現潛在的問題，這有助於形成更全面的判斷和更明智的決策。
> 4. **訊息源可靠性**：AI 整合的訊息可能來自不同網站、資料庫和平台，因此要留意訊息源的可靠性，確保 AI 整合後的訊息是準確、權威和及時的。

2-6 多項選擇提問：立即決策，告別選擇困難

AI給的答案過多有時並不是一件好事，例如下面的例子：一個管理者準備培訓部門員工，要挑選合適的培訓方向，有兩種提問方式。

提問一

> ❓ 我們是一家線上教育公司，請推薦適合作為培訓基層員工的方向。
>
> 🤖 作為一家線上教育公司，基層員工的培訓課程應涵蓋不同面向的知識和技能，以提升員工的工作效率和業務素質，建議如下：
> 1. 客戶服務和溝通技巧：這類課程可以幫助員工更順利與客戶、學生和家長溝通，提高客戶滿意度和忠誠度。
> 2. 專案管理和時間管理：提高員工的組織和協調能力，幫助員工更有效安排和執行任務，確保專案順利進行。

（接下頁）

3. 銷售和市場行銷：教導員工如何開展有效的銷售活動，提高產品推廣和客戶拓展能力。
4. 技術培訓：包括電腦技能、線上教育平台使用方法和網路安全等培訓，幫助員工熟練所需技能。
5. 線上教學方法和策略：針對教育行業的特點，培訓員工如何運用線上教學工具和方法，提高教學品質。
（更多內容，略）

提問二

❓ 我們是一家線上教育公司，請從團隊合作、領導力和溝通技巧三個方面，推薦一個最適合基層員工的培訓方向。

🅰️ 在團隊合作、領導力和溝通技巧這三個方面，我建議對基層員工進行以溝通技巧為核心的培訓，原因如下。
提高教學品質：……　客戶滿意度：……
團隊合作：……　領導力：……
綜上所述，對於線上教育公司的基層員工，溝通技巧是關鍵的培訓方向，可以經由舉辦溝通技巧培訓課程、模擬實際場景、舉辦分享會等形式，來提高員工的溝通能力。在此基礎上，還可以進一步開發與團隊合作和領導力相關的培訓課程，全面提升員工的專業素質。

在這個例子中，AI 對提問一的回答雖然很全面，但提問者很可能因此陷入糾結。提問二則明確提供三個選項：團隊合作、領導力和溝通技巧，從而使 AI 根據這些選項提供更具體的建議，這便是多項選擇提問。

> **Tips**
>
> 多項選擇提問是一種經由給多個選項,讓 AI 從中選擇一個最合適選項的提問方式;或經由提問,引導 AI 進入更具體的方向,以幫助提問者達到更明確的目標。這種提問方式有助於聚焦答案和提高準確度,使提問者進一步從既定選項中,獲取最好的選項。

在現實生活中,我們常需要從多個選項中選擇最好的那一個,以下是多項選擇提問的應用案例。

❖ 場景1:選擇理財方式

常規提問 (Before)	❓哪種方式最適合理財小白?
	🤖作為理財小白,適合採取穩健和簡單的方法來理財。以下是幾種適合理財小白的方式。 1. 活期儲蓄:這是最簡單的方式,也就是將資金存放在銀行的活期儲蓄帳戶中。 2. 定期存款:定期存款是一種鎖定資金一段時間,並獲得更高利息的方式。 3. 投資基金:基金是由一群投資者共同出資形成的投資工具。
多項選擇提問 (After)	❓我是一個理財小白,你認為哪種投資選擇最適合我?A. 股票;B. 債券;C. 黃金。
	🤖作為一個理財小白,我建議你先考慮債券和指數基金等較為穩健的投資選擇。以下是對每種投資選擇的簡要解釋。

(接下頁)

第 2 章　進階：讓 AI 幫你解決棘手問題

> A. 股票：⋯⋯
> B. 債券：⋯⋯
> C. 黃金：⋯⋯
> 總的來說，作為理財小白，債券和指數基金可能是較為合適的投資選擇。債券獲利相對較穩定，而指數基金可以經由分散投資降低風險。

要特別提醒的是，投資是一件獲利與風險並存的事，須格外謹慎，因此 AI 給的建議只能作為參考。

❖ 場景 2：選擇減肥方法

常規提問 （Before）	❓「宅男」如何減肥？ 🅰 宅男減肥可以用以下方法來實現。 　1. 健康飲食：飲食習慣非常重要。儘量選擇健康的食物，包括蔬菜、水果、全穀物、瘦肉和蛋白質豐富的食品。避免攝取過多高糖和高脂肪的食物。並控制食量，避免過量進食或暴食暴食。 　2. 規律的飲食時間：建立規律的飲食時間表，儘量養成每天三餐的習慣，並避免吃夜宵。規律的飲食可以幫助調整新陳代謝，並避免攝取不必要的零食。 （更多內容，略）
多項選擇提問 （After）	❓ 我是一個「宅男」，考慮到我的生活方式和喜好，以下哪種減肥方法最適合我？ A. 有氧運動；B. 健身房鍛鍊；C. 瑜伽；D. 跳舞。 🅰 作為一位宅男，考慮到你的生活方式和喜好，以下減肥方法可能更適合你。

（接下頁）

123

C. 瑜伽。瑜伽是一種綜合……的運動，適合宅男的原因有以下幾點。
1. 無須特殊設備：您只需要一個瑜伽墊就可以練習，不需要額外的器械或設備。
2. 室內運動：瑜伽可以在家中的舒適環境中進行，符合宅男喜歡在家中鍛鍊的習慣。
（更多內容，略）

❖ 場景 3：提供報考建議

常規提問 （Before）	❓ 發展前景最好的專業是哪一個？
多項選擇提問 （After）	❓ 從以下四個專業中，選擇一個發展前景最好的：資訊工程、金融、市場行銷和生物技術。

❖ 場景 4：推薦電影

常規提問 （Before）	❓ 什麼電影適合和女朋友一起看？
多項選擇提問 （After）	❓ 從以下五部電影中，選出一部適合和女朋友一起看的： 《阿凡達》 《星際效應》 《鐵達尼號》 《全面啟動》 《刺激 1995》

第 2 章　進階：讓 AI 幫你解決棘手問題

> **實用案例**

多項選擇提問也適用於在有限的選項範圍內，做出判斷或選擇的場景，例如產品推薦、市場調研、考試命題等。

1. 產品推薦：讓 AI 幫你擺脫選擇障礙

選擇一款產品時，使用者可以藉由多項選擇提問，以獲得更精確的產品推薦。例如，想買一本書，但購物車裡已經有好幾本書，這時可以讓 AI 幫忙決策並提供理由。

> **❓** 我喜歡閱讀科幻小說，並且對探討人工智慧的作品特別感興趣。以下哪本書最符合我的興趣？並説明原因。
> A.《1984》喬治・歐威爾
> B.《三體》劉慈欣
> C.《我，機器人》以撒・艾西莫夫
> D.《沙丘》法蘭克・赫伯特
>
> **AI** C.《我，機器人》以撒・艾西莫夫
> 原因：《我，機器人》是以撒・艾西莫夫的一部經典科幻小說，主要探討人工智慧和機器人的發展及其對人類社會的影響，這本書最符合您對科幻小說和人工智慧的興趣。

2. 市場調研：讓 AI 做好趨勢分析

在市場調研領域，用戶可以藉由多項選擇提問，來讓 AI 提供市場分析資訊。

> ❓ 根據近幾年的市場數據，以下哪個行業在未來五年內預計增長最快？請說明你的理由。
> A. 石油和天然氣行業
> B. 可再生能源行業
> C. 傳統零售行業
> D. 紙張製造行業
>
> 🤖 B. 可再生能源行業
> 原因：隨著全球對減少溫室氣體排放的關注和可持續發展的需求，可再生能源行業，預計在未來五年內增長最快。太陽能、風能等清潔能源的投資和研發規模將繼續擴大，以應對日益嚴峻的氣候變化。

3. 考試命題：幫老師快速出好一份試卷

在教學領域，老師可以使用多項選擇提問讓 AI 幫助出題，並提供答案和解析。

> ❓ 幫我出 10 個會考歷史選擇題，並附上答案和解析。
>
> 🤖 以下是 10 個關於會考歷史的單選題及答案和解析。
> 一、秦始皇統一中國後，實行了哪種政治制度？
> 　　A. 分封制
> 　　B. 郡縣制
> 　　C. 宗法制
> 　　D. 世卿制
> 答案：B，郡縣制
> 解析：秦始皇統一六國後，廢除了分封制，實行郡縣制，以加強中央集權。

（接下頁）

二、以下哪個哲學家是古希臘哲學家柏拉圖的弟子？
　　A. 蘇格拉底
　　B. 亞里斯多德
　　C. 赫拉克利特
　　D. 普羅塔戈拉
答案：B，亞里斯多德
解析：亞里斯多德是古希臘哲學家柏拉圖的弟子，他跟隨柏拉圖學習並成為一名著名的哲學家。
（更多內容，略）

注意事項

1. **設置合理選項**：確保提供的選項是與主題相關且可行的，避免使用無關或明顯錯誤的選項，以免 AI 輸出具有誤導性的答案。

2. **選項數量適中**：若選項過多，可能會導致使用者對 AI 輸出的答案感到困擾；選項過少，則可能導致答案無法滿足使用者的需求。使用者應根據問題的複雜程度，設置適當數量的選項。

3. **避免使用模糊選項**：確保對選項的描述清楚明瞭，避免使用模擬兩可或容易產生歧義的詞彙。

4. **使用開放式選項**：在適當的情況下，可以使用開放式選項，如「其他」或「自由發揮」，以免過度限制 AI 的創造性和靈活性。

2-7
約束式提問：
精準獲取所需內容

　　發散提問是讓 AI 了解背景訊息和需求後自由作答，生成多個不同的方案。約束式提問則是讓 AI 在給定的架構中，依據給定的範本、風格有限制地作答，通常只需 AI 生成一種方案。

　　例如，讓 AI 參照固定範本寫一段自我介紹、按給定的架構寫一份工作報告、依照特定句式造一個句子、用指定的風格改寫文案等等。

　　如果所需內容的範本、架構、風格已確定，不妨經由約束式提問讓 AI 生成更精準的內容。我們可以參照如下公式提問：

第 2 章　進階：讓 AI 幫你解決棘手問題

必要約束條件（範本、架構等） ＋ 其他約束條件 ＝ **約束問題**

以改寫文案為例，進行約束式提問時需要向 AI 提供以下資料。

（1）必要約束條件：要求文風活潑俏皮。

（2）其他約束條件：提供原始文案，並要求 AI 增加一些表情符號。

將所有約束條件編輯組合後，可得到一個約束問題。

> ❓請幫我按活潑俏皮的風格改寫以下文案，並使用一些表情符號。要有效應對負面情緒，首先必須接納它們。當我們有負面情緒時就好像河道被堵塞，應該先讓河道暢通。就負面情緒的釋放方法而言，我願意分享一些經過親身驗證的實用技巧。
>
> 🅰️ 嘿，想要對付負面情緒嗎？那就得先接納它唷！😊
> 想像一下，河道被堵住的話我們是不是得讓它暢通啊。🌀
> 下面是我親自試過的幾個超實用的負面情緒釋放方法，供你參考啦！💪

再來看一個撰寫放假通知的例子。

（1）必要約束條件：詳細的架構。

（2）其他約束條件：創作主題、風格、字數等。

問答內容如下：

> ❓ 幫我按以下框架寫一份「勞動節放假通知」，要求：清晰、簡明，200字左右，表達公司對員工的關心。
> 通知標題
> 放假時間：4月29日～5月3日
> 工作安排
> 聯繫方式祝福語
> 通知時間：2023年4月20日
>
> 🅰️ 勞動節放假通知
>
> 親愛的全體員工：
> 值此勞動節來臨之際，公司向全體員工致以問候和祝福。為了讓大家更充分享受節日，公司決定放假5天，具體時間為4月29日至5月3日。
> 在此期間，公司將暫停正常工作，確保大家能夠充分休息和放鬆身心。如有緊急情況，請撥打公司值班電話（○○○－○○○○○○○○）或聯繫負責人○○○（○○○○○○）。
> 最後，感謝大家一直以來的辛勤工作和奉獻，願大家在節日裡能夠放鬆身心、享受生活，迎接更美好的未來！
> 祝大家節日快樂！
>
> ○○○公司
> 2023年4月20日

不難發現，好的約束式提問可以讓 AI 提供更符合預期的回覆，從而使我們獲得更精確的訊息、提高問答效率。以下是更多約束式提問的使用場景。

第 2 章　進階：讓 AI 幫你解決棘手問題

❖ 場景 1：提供範本，讓 AI 照樣造句

> ❓ 請幫我補齊括號中的內容：（　　　）不在於（　　　），而在於（　　　）。
>
> ---
>
> 🅐 （關鍵）不在於（外在條件），而在於（內在品質）。
> 舉例：
> 成功不在於機遇，而在於努力。
> 幸福不在於財富，而在於內心的滿足感。
> 成就不在於天賦，而在於不斷地學習和實踐。
> 請注意，括號中的內容可以根據具體情境替換，這裡提供的僅作示例。

❖ 場景 2：指定範圍，讓 AI 幫你做篩選

> ❓ 我想看懸疑小說，你建議我從哪一本開始？給我一個建議即可。
>
> ---
>
> 🅐 如果你喜歡懸疑小說，我建議你從阿嘉莎·克利斯蒂的作品開始。她是……
> 推薦你從《東方快車謀殺案》開始閱讀，這本小說的故事發生在……。閱讀這本書，你將進入一場緊張刺激的推理之旅，快點跟著跟著白羅一起解開這個的謀殺之謎吧！希望你會喜歡。

實用案例

　　約束式提問往往會限制問題的範圍和可能的回覆，我們可以引導 AI 從一些特定角度或限制條件，來分析問題並給予回覆。

因此約束式提問還可用於專案管理、團隊管理等等，需要引導思考和促進決策的場景。

1. 專案管理：限制 AI 條件引導思考

在專案管理中，我們可以向 AI 提出約束問題，以幫助我們更專注、更聚焦地思考並解決實際問題。例如：

（1）在我目前的工作職責範圍內，如何解決這個問題？

（2）如果我只有三個月時間來完成這個項目，我可以如何安排工作？

（3）在這個預算限制下，我如何完成此專案？

（4）在這個團隊的能力和資源限制下，我如何最大限度地發揮下屬／同事的潛力？

（5）有兩個工作專案／任務，我應該選擇哪個？

以「如何規劃寫市場調研分析報告的時間」這一問題為例，我們需要向 AI 提供以下訊息。

（1）必要約束條件：時間限制為三天內。

（2）其他約束條件：人員配置數量為一人。

我們可以像下面這樣提問。（僅展示 AI 回答的部分內容）

第 2 章　進階：讓 AI 幫你解決棘手問題

> **❓** 我必須在三天時間內，獨自一人完成市場調研分析報告，我應該如何規劃時間？
>
> **Ⓐ** 完成一份內容全面的市場調研分析報告，需要一定的時間和策劃。若要在三天時間內完成這個任務，以下是一個可能的時間規劃建議。
> **第一天**
> 1. 確定報告的範圍和目標：⋯⋯
> 2. 收集資料和數據：⋯⋯
> 3. 設計市場調研方法和問卷：⋯⋯
> **第二天**
> 1. 執行市場調研：⋯⋯
> 2. 數據分析：⋯⋯
> **第三天**
> 1. 編寫報告大綱：⋯⋯
> 2. 編寫報告正文：⋯⋯
> 3. 總結和推薦：⋯⋯
> 4. 修訂和編輯：⋯⋯
> 請注意，以上是大致的時間規劃建議，具體的時間安排可能因個人工作效率和市場調研的複雜性，而有所不同。在規劃時間時，要確保給各個任務合理分配時間，並留出餘地以應對可能出現的延遲或修訂需求。

2. 文藝創作：生成特定風格的作品

由於約束式提問能夠限制 AI 生成內容的風格，因此當使用者需要創作特定風格的插畫作品時，可以這樣提問：

> 請幫我把這張照片改為 3D 二次元畫風。
> 請把這張插圖改為莫內的印象派畫風。

在文學和文案創作領域,使用者同樣可以使用約束式提問改寫、擴寫或創作指定風格的作品。例如:

請依據奧斯卡·王爾德幽默諷刺的寫作風格,幫我擴寫這則故事。
請幫我用慷慨激昂的風格,改寫以下演講稿。

下面再來看一些完整的問答案例。

❓ 請用年青人喜歡的文學風格,寫三行情詩。

🅰 血液沸騰,心臟跳動。
你是我的荒廢城市,打破我曾經的寧靜。
讓我迷失在欲望的深淵,無法自拔。

❓ 請用浪漫主義文學的風格,寫三行情詩。

🅰 在黃昏的餘暉中,兩顆心同時奏響一曲。
愛的花朵在風中輕舞,散發著甜蜜的氣息。
你是我生命中的星辰,永不熄滅的火焰。

❓ 請用現實主義文學的風格,寫三行情詩。

🅰 在平凡的日子裡,我們相遇於塵世間。
珍視樸實的情感,綻放真實的光芒。
沒有華麗的辭藻,只有平凡的愛意。

❓ 請用奇幻文學的風格,寫一行情詩。

🅰 你是我心中奇幻的魔法,喚醒了無盡的夢幻。

第 2 章　進階：讓 AI 幫你解決棘手問題

┤ **注意事項** ├

1. 使用約束式提問命令 AI 按指定風格生成內容時，我們先要確保 AI 了解並掌握該風格。可以先問它：「你是否了解○○風格？」如果回答是肯定的，可繼續提出約束問題；如果回答是否定的，則要把相關資料給 AI，讓它先學會該風格，再經由約束式提問生成指定風格的內容。
2. 約束式提問一般會限制問題的範圍，如果限制條件太多或太嚴格，可能導致 AI 在回覆中排除相關的訊息，導致有損回覆的廣度和深度，因此我們要注意限制條件的設定。
3. 約束式提問中的限制條件應清楚、無歧義。需甄別 AI 的回覆內容，或者藉由多次提問，以獲得更完整、更準確的答案。

2-8
對立式提問：
抵禦攻擊和偏見的武器

　　想像工作中一個常見的情景：團隊正在討論下一季度的推廣計畫，你的一名下屬非常自信地展示著方案，卻忽略了很多可能存在的風險與漏洞。如果你想藉由提問，引導他做出更客觀、全面的分析，你會怎麼問？

　　提問一：小李，你的方案確定可行嗎？
　　聽你這麼問，小李可能會猜測你對他沒信心，不但不會反思，反而更賣力展現方案的優點與亮點，甚至會誇大事實或胡亂編造。

提問二：小李，你認為競爭對手會如何應對這個方案？你有沒有想過他們可能會採取什麼措施，來干擾我們實施這個方案？

這麼問可以激發小李對方案中的潛在風險和漏洞進行思考，提高其思考水準和解決問題的能力，從而幫助他制訂出更加全面和可行的推廣計畫。

在這個例子裡，提問二便是「對立式提問」。

「對立式提問」是什麼意思呢？它是一種經由引入不同於被問者觀點的訊息，來激發被問者思考的提問方法。這種方法採用挑戰、質疑或對抗被問者的方式，促使被問者從新的角度看待問題，避免產生偏見。

例子中的小李就相當於 AI，易陷入單一的思考模式或觀點。而對立式提問可以從不同的角度看待問題，發掘問題的不同面向，能更全面地理解問題、做出更好的選擇。以下是對立提問的六大模式。

1. **反面思考模式**。例如：如果這個想法／計畫／決策失敗了，有哪些負面影響？

2. **反向思考模式**。例如：如果目標完全相反，你會採取什麼行動？有哪些不同的考慮因素？

3. **對比思考模式**。例如：與其他類似的方案相比，這個計畫有哪些優／劣勢？

4. **反轉思考模式**。例如：如果站在對方的立場上，你會有哪些不同的看法或考慮？

5. **對立觀點模式**。例如：如果有人持相反觀點，會有哪些論據支援他們的觀點？

6. **反問模式**。例如：如果你的決策是錯的，那麼正確的做法是什麼？

第 2 章　進階：讓 AI 幫你解決棘手問題

　　介紹六大對立提問模式後，接下來結合實際場景進一步說明。例如：你的工作穩定但薪資偏低，偶然發現了一個薪資更高的工作機會，但不確定是否應該換工作，想請 AI 幫你理性分析。這時，你就可以使用六大對立提問模式中的反向思考模式。

常規提問 （Before）	❓ 請根據我所提供的資料，告訴我這個新的工作機會能帶來哪些好處？
對立式提問： 反向思考模式 （After）	❓ 請根據提供的資料告訴我，我是否適合這份新工作？如果我不接受，會有哪些損失？這份新工作是否有更好的職業發展和提升空間？

　　以下是對立式提問在不同場景下的應用案例。（僅展示 AI 回答的部分內容）

❖ 場景 1：餐廳改進建議

常規提問 （Before）	❓ 如果我想開一家正宗的法國餐廳，應該做哪些準備？ 🅰 研究法國餐飲文化和菜品、找合適的地點、設計和裝修與法國餐飲文化相符合、招聘合適的員工、制訂合理的價格策略……
對立式提問： 反轉思考模式 （After）	❓ 如果你是一位法國食客，為求更符合法國餐飲文化，你會對一家法國餐廳提出哪些改進建議？

（接下頁）

	🅐 1. 提供更多法國經典菜品,如紅酒燉牛肉、煎鵝肝和焗蝸牛等;增加傳統的法式下午茶。 2. 法國人很看重用餐時搭配的用酒,因此餐廳需提供更多法國傳統美酒,如波爾多葡萄酒等,並有專業的侍酒師為客人介紹和推薦……

❖ 場景 2:產品競價

常規提問 (Before)	❓ 請根據我所提供的新產品資訊,分析我對這款新產品的報價是否合理。
	🅐 報價需要考慮多方面因素,例如場需求、競爭對手、目標受眾等。如果您的產品能夠提供獨特的價值,滿足目標受眾需求,這個價格可以接受。 但如果市場上有提供類似產品的競爭對手,或者目標受眾不願意承受這個價格,那這個價格就不太合理了……
對立式提問: 對立觀點模式 (After)	❓ 以上是新產品資訊和報價資料,如果客戶打算考慮購買報價更低的競品,我應該如何證明我的產品/服務的價值更高? 有什麼方案來說服客戶?
	🅐 你可以考慮以下幾種方案來證明你的產品/服務的價值更高: 1. 強調產品/服務的獨特性…… 2. 列舉客戶滿意度和引用成功案例…… 3. 比較以下:競品/服務和你的產品/服務的總成本……

第 2 章　進階：讓 AI 幫你解決棘手問題

❖ **場景 3：圖書寫作建議**

常規提問 （Before）	❓ 我想寫一本關於中學生情緒管理的心理學圖書，請問這個選題能吸引讀者嗎？ 🅰 現代社會競爭激烈，中學生面臨著各種壓力和挑戰，情緒管理問題也越來越多。所以，關於中學生情緒管理的心理學圖書，是能夠吸引讀者的。不過，市場上已經有許多類似的書籍，你在寫作時需要注意內容的獨特性和創新性，以增強讀者的購買意願。
對立式提問： 對比思考模式 （After）	❓ 我想寫一本關於中學生情緒管理的心理學圖書，但市場上已經有其他的關於中學生心理健康和情緒管理的圖書。請以《○○○》為例，分析我的書該怎樣寫才能吸引讀者。 🅰 你的書要想吸引讀者，需做到以下幾點： 1. 突顯差異性…… 2. 增加實用性…… 3. 擴大傳播管道…… 《○○○》主要講述……，你可以選擇從和它不同的視角切入，例如…… 《○○○》提到以下情緒問題的解決分案……，你可以將其作為參考，然後突顯自己的獨創方法，例如…… 《○○○》在以下平台銷售……，你在銷售你的書時可以參考這些管道，並根據自己的具體情況拓展更多管道，例如……

　　對立式提問適用於很多場景，接下來再為大家提供一些常用案例。經由反覆對比，就能發現用對立式提問的方式訓練 AI，其「腦洞」和回覆的內容，與採用常規提問方

法時完全不同,對同一個問題的視角和判斷也會變得更多元化。對立式提問在更多場景下的應用案例如下。

❖ 場景 4:新媒體寫作

我最近關注熱門議題,寫了一篇發表在社群平台的文章,並針對這個熱門議題提出自己的觀點。我想確認自己的觀點是否切合這個事件的本質、是否具有說服力,希望借助 AI 來協助審核內容。

常規提問 (Before)	❓ 最近發生了一個事件…… 我的觀點是…… 請問這段文字寫得好不好?
對立式提問: 對立觀點模式 (After)	❓ 最近發生了一個事件…… 我的觀點是…… 請問我的觀點有什麼漏洞? 批評者會提出什麼樣的反駁或意見? 我如何更有力地回應這些反駁?

❖ 場景 5:個人職業發展規劃

我即將大學畢業,對找工作和職業發展規劃感到很迷惘,但我不要當無頭蒼蠅,而是要帶著目標進入職場。因此我要做一份適合自己的職業發展規劃,只是當下思路還不夠清晰,所以想讓 AI 為我提供一些建議。

常規提問 （Before）	❓ ……以上是我的個人情況，請根據這些資料，幫我製作一份適合我的職業發展規劃。
對立式提問： 反向思考模式、 反問模式 （After）	❓ 請根據我所提供的資料，幫我做一份職業發展規劃，重點擺在可能會遇到的挑戰和困難，並提供相應的解決方案，以便更周全地應對。如果憑個人能力無法應對這些挑戰和困難，我應該如何提升自己？

❖ 場景 6：兩性關係維護

我和老公很愛對方，但是總會因為一些雞毛蒜皮的小事爭吵，架吵多了傷感情。我希望能找到解決方法，所以把 AI 當成情感顧問進行諮詢。

常規提問 （Before）	❓ ……以上是最近引發我和老公爭吵的一些事，請問我應該如何與他保持和諧的關係，避免再發生類似的爭吵？
對立式提問： 反向思考模式、 反轉思考模式、 反問模式 （After）	❓ ……以上是最近引發我和老公爭吵的一些事，這表示我們的溝通有哪些不足之處？如果你是我老公，你認為這些事件的爭論點到底在哪裡？如果我是錯的那一方，我應該如何改進？

> **實用案例**

對立式提問適用於任何需要進行批判性思考和分析的領域，它可以幫助我們更全面、更深入了解某個問題或主題，還可以讓我們打破既有思維，產生更多想法和解決方案。不僅能提高我們解決問題的能力，還能促進更有效的溝通和交流。

下面按照六大對立式提問模式，展示幾個常見的應用場景。

1. 家庭教育：讓 AI 分析孩子的思考方式和行為

當家長希望更深入了解孩子，並與他們建立更順暢的溝通時，關鍵在於理解孩子內心的真實想法，從而更有效地引導他們健康成長。

家長可以用對立式提問的方式，讓 AI 協助自己冷靜且客觀地分析孩子的思維模式、行為習慣等。以下是一些提問的範例：

（**反面思考模式**）孩子總是犯同樣的錯誤，如果不懲罰，而採用獎勵的方式，會有什麼不同的結果？

（**反向思考模式**）如果孩子放棄學鋼琴，對他的成長有哪些影響？

（**對比思考模式**）我希望孩子更優秀，應注重其學習成績還是創造力的培養？

（**反轉思考模式**）如果我是一個不喜歡被限制的孩子，會如何看待家長努力讓我變得更加自律這件事？

（**對立觀點模式**）我想為孩子規劃好每一步，但有人認為讓孩子自由發展和探索是更好的方式，你覺得這種觀點的依據是什麼？

（**反問模式**）孩子總是看電視、玩遊戲，我們難道不該管嗎？

2. 商業談判：讓 AI 幫助制定談判策略

商業談判時，雙方都會試圖爭取最大利益。談判涉及的問題通常較複雜，雙方需要深入探討各種可能性和解決方案，同時揭露對方觀點中的矛盾和不一致之處，進而引導對方改變立場或做出妥協。

談判者可以經由對立式提問，讓 AI 協助探索對方的底線和意圖，發掘其弱點，從而制定更好的談判策略。例如，可以像下面這樣問 AI。

（**反面思考模式**）如果不能在這次談判中達成協議，會發生什麼狀況？有哪些風險或後果需要考慮？

（**反向思考模式**）如果對方沒有興趣與我方達成協議，他們會用哪些理由？我方能夠採取哪些措施來解決這些問題？

（**對比思考模式**）我方與對方的方案有哪些不同之處？我方方案在哪些方面具有優勢、哪些方面存在劣勢？

如何權衡這些因素?

（**反轉思考模式**）如果我方與對方交換立場,會對談判策略有何影響?我方從對方的立場出發,可以看到哪些問題或機會?

（**對立觀點模式**）如果對方有不同的觀點或需求,我方應該如何反駁或應對?有哪些有效的論據或策略可以使用?

（**反問模式**）這個提議對我方難道是公平的?

3. 科技創新：讓 AI 提供產品創新解決方案

在科技研發和創新的過程中,經常面臨各種挑戰和困難。經由對立式提問,我們可以讓 AI 幫助自己更深入思考問題、更全面了解問題、更迅速找到具有創新性的解決方案。

（**反面思考模式**）假設這項技術失敗,導致失敗的因素會有哪些?有哪些方法可以避免這些失敗因素?

（**反向思考模式**）如果我們要用逆向工程創制一個產品,會有哪些挑戰?我們需要解決哪些技術問題?

（**對比思考模式**）這項技術與現有技術相比有哪些優劣勢?我們如何在市場上獲得競爭優勢?

（**反轉思考模式**）如果我們沒有任何預算,該如何開發這項技術?我們可以尋求哪些替代方案?

（**對立觀點模式**）有人認為這項技術會對環境造成不

良影響,有哪些證據支持這種觀點?有哪些方法可以降低該技術對環境的影響?

(**反問模式**)這項技術不算是成功的嗎?如何衡量這項技術對社會、環境、經濟等方面的影響?

注意事項

1. 使用對立式提問時,最好能提供 AI 足夠的背景訊息,以便 AI 對問題有全面的了解,其生成的回答得以兼顧更多因素和情境。
2. 可以嘗試從多個角度向 AI 進行對立式提問,以便 AI 能更全面、深入地探索問題的不同面向。
3. 使用對立式提問時,提問者應該準確表達觀點,這有助於 AI 理解提問者的意圖,提供更準確的回答。

2-9
歸納式提問：把訊息分組，更容易吸收

　　如果有一天你錯過公司週會，但想了解一下會議內容以便做本週計畫，你會怎麼詢問與會的下屬呢？

　　提問一：小王，今天的會議有什麼內容？
　　小王聽你這麼問，可能會從把會議流程從頭到尾複述一遍。「首先，市場部的李經理說……然後，銷售部的劉主管又說……最後，研發部的王主任說……」

　　提問二：小王，今天的會議上，市場部、銷售部、研發部彙報的本週工作重點分別是什麼？月底大型活動的方案，大家最終選了哪個版本？我們部門有沒有新增需要跟進的事項？

第 2 章 進階：讓 AI 幫你解決棘手問題

如果這麼問，小王就會根據你的問題，自動分類歸納繁雜的會議內容，只陳述你想知道的部分，讓你接收到更清楚、更有效的資訊。

顯然，在這個場景裡，提問二有效引導對方，將內容多、密度大的訊息做歸納，也就是篩選無效訊息、整理出有效訊息，並且根據提問者的個性化需求，進一步分類提取。所以提問者得到的答案會更準確、簡潔，雙方的溝通更順暢、有效率。

這個場景裡的小王就相當於 AI，作為提問者，如果能掌握歸納式提問的技巧，便能獲得想要的答案。

歸納式提問與前文已經介紹過的摘要式提問有什麼不同呢？兩者比較如下。

歸納式提問	摘要式提問
回答者需從相關的事實中，找出它們之間的共性和規律，然後總結出一個結論，產生新的認知	要求回答者從較長的文章或文本中，提煉出最重要的訊息，是在原有訊息中做提取和概括
通常涉及分類、歸納和概括等思維過程	回答者需具備對訊息的篩選和總結能力
應用於邏輯推理、思維訓練等領域較多	通常應用於文本摘要、訊息檢索等任務

兩者舉例如下。

歸納式提問	摘要式提問
你從經歷中總結出了什麼經驗或教訓嗎？	這篇文章主要說了哪幾個方向的內容？

下面繼續介紹歸納式提問。什麼樣的歸納提問式指令是好指令？請試著對比分析以下兩組提問。

常規提問 （Before）	❓ 你認為這個方案行得通嗎？
歸納式提問 （After）	❓ 就你看來，這個方案的優勢和劣勢有哪些？請分析一下該方案的可行性，並做相關的風險評估。

常規提問 （Before）	❓ 這份調研報告的主要內容是什麼？
歸納式提問 （After）	❓ 這份調研報告討論了哪些主題？統計了哪些行業的相關數據？指出了哪些關鍵問題？提到了哪些建議或決策？是否有實施計畫？

顯而易見，好的歸納式提問指令通常目標明確、聚焦、結構清晰，並且充分考慮個人背景和需求，常用的歸納式提問關鍵字如下。

1.表示總結：總共、歸納、總結、概括、綜合、簡述、整體、總整來說、總的來說、大體上、大致上等。

2. 表示分類：分為、分類、種類、類別、屬於哪一類、哪些是、哪些屬於等。

3. 表示比較：相同、相似、相對、比較、對比、比照、相對而言、比如、與……相比、和……相比等。

4. 表示舉場景：例如、比如、舉個例子、舉例來說、以……為例、如、如下等。

5. 展示細節：具體、細節、詳細、具體來說、詳細說明、詳細闡述等。

以下是歸納式提問在不同場景下的應用案例。（僅展示AI回答的部分內容）

❖ 場景1：銷售情況分析

假設你已經給AI以下的銷售報告：2021年，A品牌、B品牌、C品牌、D品牌的營業收入分別為105.4億元、36.06億元、149.12億元、8.47億元，同比變化率分別為-6.09%、-1.48%、13.05%、20.83%。

常規提問 （Before）	❓請歸納A品牌、B品牌、C品牌、D品牌的營收狀況，並做對比分析。 🅰️ A品牌：…… B品牌：…… C品牌：…… D品牌：…… 經由對比分析發現，C品牌和D品牌……，A品牌和B品牌……

（接下頁）

歸納式提問 （After）	❓ 請將 A 品牌、B 品牌、C 品牌、D 品牌的營收狀況做成銷售報表。報表中需含品牌名稱、年份、營業收入、同比變化率、銷售情況分析等項，最後針對銷售情況做出總結。 🅰️ <table><tr><th>公司</th><th>年份</th><th>營業收入（億元）</th><th>同比變化率（％）</th><th>銷售情況分析</th></tr><tr><td>A</td><td>2021</td><td>105.4</td><td>-6.09</td><td>營業收入下降，可能需要進一步分析原因並採取措施進行調整。</td></tr><tr><td>B</td><td>2021</td><td>36.06</td><td>-1.48</td><td>營業收入下降，同比變化較小，可能需要關注市場競爭和產品銷售情況。</td></tr><tr><td>C</td><td>2021</td><td>149.12</td><td>13.05</td><td>營業收入增長，同比變化較大，可能受益於市場需求增加或市場占有率提升。</td></tr><tr><td>B</td><td>2021</td><td>8.47</td><td>20.83</td><td>營業收入大幅增長，同比變化較大，可能需要關注產品銷售和市場表現情況。</td></tr></table>

❖ 場景 2：網路輿論追蹤

常規提問 （Before）	❓「AI 寫作」這個話題是不是很熱門？ 🅰️ AI 寫作是當前非常熱門的一個話題。隨著 AI 技術的快速發展，越來越多公司和組織開始使用 AI 寫作技術生成各類型文本。AI 寫作的應用範圍越來越廣泛……當然，AI 寫作也引起了一些爭議……
歸納式提問 （After）	❓「AI 寫作」這個話題在哪些社交平台引起討論？支持者和反對者的觀點分別是什麼？哪些人群更傾向於關注和討論這個話題？ 🅰️ AI 寫作在包括○○、○○等在內的社交平台上引起了熱烈討論。 支援 AI 寫作的觀點如下：

（接下頁）

> 1.……
> 2.……
> 3.……
> 反對 AI 寫作的觀點如下：
> 1.……
> 2.……
> 3.……
> 最關注這個話題的群體有：寫作者、編輯出版人員、科技愛好者、AI 技術研發人員和數位行銷人員……

❖ 場景 3：知識回顧

使用歸納式提問，可使 AI 對知識做總結和整理，還能將這些內容與其他已知的知識相連結，便於我們記憶和理解。

常規提問 （Before）	❓為什麼很多人寫文章都想模仿歐‧亨利的短篇小說？
歸納式提問 （After）	❓歐‧亨利的短篇小說有哪些特點？我們在新媒體寫作中，應該如何借鑒和應用？

❖ 場景 4：活動效果分析

提供活動訊息和資料給 AI，並用歸納式提問來引導 AI 分析活動效果分析，AI 會根據素材整理概括。在其回覆中，能一目了然活動亮點和需改進的地方。

例如，在下面的活動結束後，我們可以借助歸納式提

問來引導 AI 分析活動效果。

活動主題：勞動節特惠促銷活動。

促銷產品：精選商品8款，包括家居用品、家電、數位產品等品類。

優惠內容：九折優惠，贈送購物券；滿300元減30元、滿500元減50元。

宣傳方式：店內海報、戶外看板、社交媒體圈、手機簡訊等多管道宣傳。

活動效果：共吸引顧客5000人次，銷售額達30萬元，用戶滿意度較高。

常規提問（Before）	❓ 這次營銷活動效果好不好？
歸納式提問（After）	❓ 這次行銷活動有哪些亮點？有哪些需要改進的地方？

實用案例

歸納式提問能幫助提問者快速整理訊息、揭示規律、提高效率、促進創新。經由分類整理訊息，提問者更易理解訊息的內在結構和關係，發現規律和關鍵點，從而節省時間和精力、提高效率。

同時，歸納式提問也能讓提問者在訊息中發現新的問

題和機會,促進創新和創造力的發揮。以下是歸納式提問的幾個常見的應用場景。

1. 學術研究:讓 AI 整理學術文獻

使用 AI 做學術研究時,歸納式提問能幫助使用者更全面了解研究主題和現有進展,並有效整理文獻,從而設計出更優秀的研究方案,提升研究效果。

(1)文獻綜述:做文獻綜述時,使用者可以經由歸納式提問,讓 AI 幫助自己思考、整理和分析相關文獻。

> ❷ 請根據我提供的文獻資料,告訴我:這些文獻屬於哪些研究領域?它們研究的主要問題是什麼?有哪些重要的研究方法或技術?哪些文獻是最相關的?這些文獻有哪些共同點?有哪些理論架構可以用來解釋這些文獻?

(2)研究設計:設計研究時,使用歸納式提問可以引導 AI,幫助使用者明確研究目的和研究主題。

> ❷ 根據我的研究主題和大綱,請解析:我的研究目的是什麼?我需要回答哪些具體研究主題?這些主題與已有研究有什麼不同?

（3）數據分析：分析數據時，使用歸納式提問可以引導 AI 幫助使用者釐清分析的步驟和邏輯。

> ❓ 我的研究主題是○○○，現在請分析以上數據，告訴我：可以使用哪些分析方法？分析結果如何用於回答研究問題？分析結果有哪些不確定性和局限性？

（4）論文寫作：寫論文時，使用歸納式提問可以引導 AI，幫助使用者整理論文的結構和內容。

> ❓ 請根據我的研究報告素材，生成一份研究報告大綱，並告訴我：每個章節需要包括哪些內容？每個段落需要回答什麼問題？如何組織論文的邏輯和結構？

2. 教學輔導：讓 AI 幫助提升學習效果

使用 AI 進行教學時，歸納式提問能幫助使用者了解學生學習狀況，制定更有效的教學計畫，提升教學效果並評估成果。

（1）制訂更好的教學計畫和方法：使用歸納式提問，AI 可協助使用者制訂出更好的教學計畫和方法，以滿足學生的學習需求，提升教學效果。

第 2 章　進階：讓 AI 幫你解決棘手問題

> ❓ 請根據學生的課堂回饋訊息，告訴我：在本節課的授課過程中，有哪些內容需要更詳細解釋和指導？有哪些教學方法或策略，能更幫助學生理解？請幫我設計具體的教學內容和教學活動。

（2）了解學生的學習情況：使用者可以提供學生的作業、考試資料或課堂回饋，並透過歸納式提問讓 AI 分析、歸納學生對課程知識的掌握程度，和可能存在的疑點和難點。

> ❓ 請根據我提供的學生學習資料，分析：學生對本節課的學習情況如何？學生對哪些知識掌握得比較好或比較差？學生在本節課中主要遇到的困難是什麼？我應該如何幫助他們解決困難？

3. 藝術領域：讓 AI 成為藝術顧問

在使用 AI 創作藝術的過程中，藝術家、策展人員等使用歸納式提問，可以更便捷地從複雜的視覺和審美世界中，提煉出共性和規律，從而進行更深入的創造。

（1）策展人員使用歸納式提問，可以讓 AI 協助自己設計展覽主題和展示方式。

❓ 我要做一場關於自然元素的展覽，請告訴我：有哪些藝術家在他們的作品中使用了自然元素？這些作品有哪些共同點？藝術家們如何呈現自然主題？幫我製作一份展覽方案。

（2）藝術家使用歸納式提問，可以讓 AI 幫忙自己梳理相關作品的風格和表現方式。

❓ 以上是我最喜歡的藝術作品，請幫我分析：這些作品都有哪些特點？有哪些藝術家曾創作過相似的作品？這些作品使用了哪些概念和元素？作品展現了作者什麼樣的情感和情緒？

（3）視覺設計師使用歸納式提問，可以讓 AI 幫忙設計品牌標識和廣告。

❓ 請根據 A 品牌、B 品牌、C 品牌的 logo 歸納：這些品牌的 logo 有哪些共同點？它們使用了哪些顏色和線條？這些 logo 分別是如何詮釋品牌形象的？請參考這些訊息，幫我設計一個家庭教育品牌的 logo。

注意事項

1. 使用歸納式提問之前，提問者需預先向 AI 提供相關資料或數據，否則可能無法獲得預期的結果和準確的分析。千萬不要讓 AI 為你生成背景資料和數據，可能導致 AI 回答錯誤，甚至編造內容。
2. 資料與數據的內容通常很多、很繁雜，因此歸納提問的指令越詳細，得到的答案越精確。
3. 歸納式提問的適用領域很廣，在專業領域的利用率很高。而提問者掌握專業領域的相關術語和概念，能讓 AI 生成更專業的回答。

第 3 章

精通
把 AI 變成你的萬能助手

3-1
循環式提問：
把AI進化升級，回答更完美

　　對AI的回答不滿意怎麼辦？應該直接放棄，還是換一種方式繼續問？

　　用AI尋找更好的答案方式之一，是讓AI自己進化，即在其所提供的答案的基礎上不斷追問和修正問題，直到得到滿意的結果，這種提問方法叫作「循環式提問」。

　　循環式提問是一種經由回饋結果，不斷改進AI的答案的提問方法，目的是得到更好解決方案，或滿足提問者更高的要求。

　　假設要讓AI寫一首詩，可按照以下步驟進行循環式提問。

> ❓ 請你寫一首詩,主題是「春天」。
>
> 🅰️ 春風吹綠了山川,
> 百花爭豔綻笑顏。
> 鶯歌燕舞迎新歲,
> 人間最美四月天。
>
> ❓ 請你給一個更好的作品,要求比這首詩更有創意和感情,並且解釋為什麼更有創意和感情。
>
> 🅰️ 春色滿園花如錦,
> 蜜蜂採蜜忙不停。
> 我願化作一枝柳,
> 與君共舞在風中。
> 這首詩比前一首更有創意和感情,因為它運用想像的手法,把自己想像成一枝柳,與心愛的人在春風中舞動,表達了對春天和愛情的嚮往。

針對 AI 每一次給的答案,使用者都可以再次循環式提問並觀察結果。使用者可以根據自己的滿意程度,決定要繼續循環式提問還是結束提問。以上就是一個使用循環式提問的案例,可以得出提問的步驟如下。

步驟一:向 AI 提問,要求 AI 給一個答案。

步驟二:觀察結果。

步驟三:對 AI 進行循環式提問:「你剛才提供的方案的結果是……,下面請你給一個更好的方案,並且解釋新方案為什麼更好。」

步驟四：重複步驟二和步驟四，直到得到滿意的結果或無法繼續改進為止。

以下是循環式提問在不同場景的案例。

❖ 場景 1：讓 AI 設計品牌 logo

> ❓ 請設計一個咖啡店的 logo，要求簡潔、有吸引力。
>
> 🅰️ [logo 圖]
>
> ❓ 你剛才給的 logo 雖然簡潔、有吸引力，但是有點普通、沒特色。請你給一個更好的 logo，要求比前一個更有創意和個性，並且解釋為什麼新作更有創意和個性。
>
> 🅰️ [logo 圖]
>
> 這個 logo 比之前的更具創意和個性，因為它利用咖啡豆的形狀拼出字母 C，代表咖啡（coffee）。它還使用不同色階來表現咖啡的香氣和溫度。這個 logo 既有創意又有吸引力，能讓人一眼就看出與咖啡相關。

（接下頁）

> 你剛才給的 logo 蠻有創意,下面請你給我一個更好的 logo,要求比前一個 logo 在顏色上更豐富一些。

[AI 生成的咖啡杯 logo 圖]

這個 logo 比之前的作品更好,因為它使用了更多種層次來表現咖啡的多樣性和不同風味。還使用半圓形的邊框來包圍咖啡杯,這代表咖啡是一種全球化的飲品。這個 logo 既有活力又有品位,能讓人感受到咖啡的魅力。

❖ 場景 2:讓 AI 幫你做出決策

> 請給我是否應該辭職的建議,要有理由有根據。

給你這個建議不容易,因為這取決於個人情況和目標。不過,我可以根據網路上的訊息,提出一些步驟和問題供你參考。
1. 自問當前的工作是否能夠滿足需求和期望,比如工作內容、工作環境、工作收入、未來發展等。如果你對這些方面都不滿意,那麼可能是時候考慮換一份工作了。
2. 自問是否嘗試過改善工作狀況,比如和你的老闆或同事溝通、尋求更多學習和成長的機會、調整工作方式和態度等。如果你已經做了這些努力,但沒有得到有效的結果,那麼可能是時候考慮換一份工作了。
3. 自問是否已經有清晰的下一步計畫……

> 你剛才給的建議雖然有一定的理由和依據,但是也有點片面和保守。下面請你給一些更好的建議,要求更全面、更開放,並且解釋為什麼新建議更全面、更開放。

(接下頁)

> **AI** 除了上面提到的步驟和問題,你還可以考慮以下幾個方面。
> 1. 自問是否有足夠的訊息和數據來支援自己的決定,比如是否了解市場的需求和趨勢、是否調查過其他的工作機會和競爭對手、是否評估過自己的優勢和劣勢。如果你沒有足夠的訊息和數據,那麼可能還不用考慮換下一份工作。
> 2. 自問是否有足夠的支持和……
> (更多內容,略)
> 這個建議比之前的建議更全面、更開放,因為它涵蓋更多角度和因素,能夠從多個面向來評估自己的決定。它也鼓勵你去探索更多的可能性和潛力,讓你能夠找到更適合自己的工作。

實用案例

循環式提問不僅可以運用在不同的創作領域,還可以運用在技能學習和相關問題的研究。只要有足夠的耐心,就能獲得理想的答案。

1. 教學培訓:提升授課內容和品質

在教學中,老師們可以利用循環式提問,來引導 AI 幫助自己不斷提升教學品質,使學生更好吸收新知識。

> **?** 什麼是三角函數?
>
> **AI** 三角函數是一組在三角形和圓形的研究中,具有重要作用的函數,它們通常用 sin、cos、tan 和 cot 等表示,用來描述三角形中的角度和邊長之間的關係。

(接下頁)

第 3 章　精通：把 AI 變成你的萬能助手

> **?** 你剛才給的定義有點難懂,下面請你給一個更好的定義,要求更容易理解。
>
> **AI** 三角函數是一組在三角形和圓形的研究中,具有重要作用的函數,它們用來描述三角形中角度和邊長之間的關係。
> 具體來說,正弦函數 $\sin\theta$ 描述一個角的對邊與斜邊的比值;餘弦函數 $\cos\theta$ 描述一個角的鄰邊與斜邊的比值;正切函數 $\tan\theta$ 描述一個角的對邊與鄰邊的比值;餘切函數 $\cot\theta$ 描述一個角的鄰邊與對邊的比值。
>
> **?** 請在此基礎上給一個更好的定義,要有具體使用案例。
>
> **AI** (更多內容,略)

2. 解決衝突：讓 AI 協助解決家庭教育問題

使用者可以藉由循環式提問,讓 AI 提供解決親子、情侶相處問題的具體方案。

> **?** 我和孩子常發生衝突,該怎麼辦?
>
> **AI** 你可以嘗試和孩子建立良好的親子關係,表達你對他的愛和關心,同時尊重他的想法和感受。
>
> **?** 下面請你給一個更具體的方案,要求實用性比前面的更高。
>
> **AI** 你可以定期和孩子進行一些有趣的活動,比如玩遊戲、看動畫、做手工藝等,以增加互動機會。這能使你們有更多的共同話題和經歷,也能減少對立和相互抵觸,增加彼此的信任和支持。
> (更多內容,略)

注意事項

1. **逐步深入**：在循環式提問過程中，要逐步深入描述問題的細節，使 AI 更能理解提問者的需求，並提供更貼切的答案。
2. **判斷答案品質**：在每輪循環提問中，認真評估 AI 給的答案，判斷其是否滿足自己的需求。如果不滿意，可以嘗試重新提問或調整問題，以獲得更好的答案。
3. **保持耐心**：AI 需要一定的時間來理解問題和提供令人滿意的答案，因此在循環式提問的過程中，要保持耐心，不要急於求成。
4. **適時結束**：在某些情況下，AI 可能無法提供完美的答案，這時需要判斷何時結束循環提問。須知，儘管 AI 已經非常強大，但它仍然有局限性，無法解決所有問題。

3-2
反覆式提問：
讓回答越來越合你口味

如果你是一名客服，當客戶反映公司的產品連接不上網路，導致無法使用時，你會如何與客戶溝通呢？

提問一

客服：請問是不是您的網路連接有問題？

客戶聽你這麼問，要麼會覺得你的態度敷衍，要麼回答「是的」或「不知道」，但依舊無法提供足夠訊息來解決問題。

提問二

客服：很抱歉給您帶來不便，為了幫助您解決問題，有幾個問題需要您回答。首先，請問您是否已經檢查過網

路連接是否正常,以及路由器是否正常工作?

客戶:是的,我已經檢查過網路連接,路由器也正常工作。

客服:好的,謝謝您的回饋。請問您能告訴我具體的錯誤提示或者故障現象嗎?

客戶:當我嘗試連接到 Wi-Fi 時,產品顯示連接失敗,且沒有任何其他錯誤提示。

客服:明白了,感謝您提供訊息。請問您是否嘗試過重啟產品,或用其他設備連接同一網路?

客戶:是的,我已經嘗試過重啟產品,並且試過用其他設備,可以正常連接到同一網路。

客服:好的,感謝您提供訊息。根據您的描述,初步判斷問題可能出在產品的設置或固件方面。為了更準確地幫助您解決問題,將為您轉接我們的技術支援團隊,他們會為您提供進一步的指導和解決方案。

客戶:好的,謝謝。

提問二中,客服經由不斷回饋、調整和改善,逐步了解客戶的問題,並引導其提供更詳細的訊息,以便給出有效的解決方案,其中使用的提問方法就是反覆式提問。

反覆式提問作為一種提問策略,就像我們在玩遊戲時經由不斷試錯、回饋、調整來提高自己的技能一樣。在這個過程中,提問者會嘗試不同的方法和選擇,經由得到

的回饋資訊，來改善自己的決策和行動，以達到預期的目標，此種提問策略適用於沒有確定答案的問題。

在上面的場景裡，客戶就相當於 AI，客服就是提問者，提問者使用反覆式提問，就能讓答案不斷改進，越來越符合預期。

那麼，什麼樣的指令是好的反覆式提問指令？請試著對比分析以下兩種提問方式。

常規提問 （Before）	❓ 我下週一要去西雙版納旅遊，共計五天，預算 1 萬元，請幫我制訂一份旅遊方案。
反覆式提問 （After）	❓ 我下週一要去西雙版納旅遊，共計五天，預算 1 萬元，請推薦三種旅遊方案。
	🅐 （AI 的回答，略）
	❓ 請從性價比、景點數、舒適程度、方便性、路線，對比你提供的三種旅遊方案，並評估每種方案的優缺點，並給予改進意見。
	🅐 （AI 的回答，略）
	❓ 根據你的評估，我更喜歡第 1 種旅遊方案。但我想把第 2 種旅遊方案中的飯店和網紅餐廳，增加到第 1 種旅遊方案。請根據我的要求，重新生成一份旅遊方案。
	🅐 （AI 的回答，略）

對比後可以發現，好的反覆式提問指令通常具體明確、可行性強、可量身定制且可優化。

經由使用反覆式提問，我們能不斷得到 AI 的回答，再根據 AI 的回答做出判斷或選擇後，繼續向 AI 提問。以下是反覆式提問在不同場景下的應用案例。（僅展示 AI 回答的部分內容）

❖ 場景 1：客戶服務

常規提問（Before）	❓ 一位客戶購買的產品出現故障，我身為一名客服，該怎麼回覆？ 🅰 你可以先詢問客戶具體遇到什麼問題，再根據客戶提供的訊息做分析，最後提供解決方案。
反覆式提問（After）	❓ 一位客戶購買的產品出現故障，他很著急，一時無法描述清楚具體問題，我應該怎樣安撫他，引導他回答我的問題？ 🅰 1. 你先這樣安撫客戶：…… 2. 詢問客戶產品哪裡有問題：是零件損壞、無法啟動還是存在其他故障？ 3. 再次確認問題和訊息：「如果我沒聽錯的話，您的問題是這樣的……是嗎？」 ❓ 客戶已經明確描述是產品故障，我要如何逐步引導他找到產品發生故障的原因？ 🅰 1. …… 2. …… 3. ……

（接下頁）

第 3 章　精通：把 AI 變成你的萬能助手

> ❓ 現在已經找到產品發生故障的原因，我為他提供了三種解決方案。請修改這份草稿，要求用100字左右，將解決方案清晰、明確地傳達給客戶。（解決方案，略）
>
> 🅰 非常抱歉聽到您回饋所遇到的產品故障問題。基於您提供的訊息，我們可以提供以下三種解決方案：……

❖ 場景 2：作品解讀

常規提問 （Before）	❓ 杜甫的《登高》這首詩是如何表達情感的？ 🅰 杜甫的《登高》一詩，經由描繪登高過程中景色，渲染悲涼氣氛，表達了……
反覆式提問 （After）	❓ 杜甫的《登高》這首詩表達的情感是什麼？ 🅰 杜甫的《登高》這首詩，藉由描寫蕭瑟荒涼的景色，體現了內心的悲苦和鬱悶…… ❓ 作者為什麼會產生這種情感？ 🅰 可能有以下幾個方面的原因： 景色所引發的情感…… 思鄉之情…… 抑鬱不得志之苦…… ❓ 這種情感在詩歌中是如何表達的？ 🅰 詩歌開篇即以「風急天高猿嘯哀，渚清沙白鳥飛回」生動描繪了秋季景色，表現出……；接著經由

（接下頁）

	「無邊落木蕭蕭下，不盡長江滾滾來」的描述，表現出……；再以「萬里悲秋常作客，百年多病獨登台」的自述，表現出……
	❓ 你能找到表達同樣情感的其他詩歌嗎？
	🅰️ 許多古代詩人都有表達類似情感的作品，例如：……

❖ 場景 3：制訂工作計畫

常規提問 （Before）	❓ 我今天的工作任務有三項： 1.…… 2.…… 3.…… 請幫我制訂一份工作計畫。
	🅰️ 您今天的工作任務有三項，分別是： 1.…… 2.…… 3.…… 您可以按照以下步驟，制訂今日的工作計畫： 1. 列任務清單。 2. 確定完成每個任務所需的時間。 3. 將任務劃分優先順序。 4. 為每個任務設定目標和標準。
反覆式提問 （After）	❓ 我今天的工作任務有三項： 1.…… 2.…… 3.…… 我想制訂一份工作計畫，應該從哪些方面著手？

（接下頁）

第 3 章　精通：把 AI 變成你的萬能助手

🅐 1. 任務的重要程度和優先順序。
　　2. 時間和資源的限制。
　　3. 任務的複雜程度和難度。
　　4. 任務之間的依賴關係。
　　5. 目標和完成標準。
　　6. 優化工作流程。

❓ 請按照任務的重要程度、優先順序、預計花費時間和完成標準這幾項，幫我生成一份工作計畫，以表格呈現。

任務	重要程度	優先順序	預計花費時間	完成標準
任務1	高	1	2小時	任務完成，並按要求提交
任務2	中	2	1小時	任務完成，並按要求提交
任務3	低	3	0.5小時	任務完成，並按要求提交

❓ 請在這個表格的基礎上，加入專案進度和回顧欄位，生成一張新的工作計畫表。

🅐

任務	重要程度	優先順序	預計花費時間	完成標準	專案進度	回顧
任務1	高	1	2小時	任務完成，並按要求提交	50%	完成任務時遇到的問題和解決方案
任務2	中	2	1小時	任務完成，並按要求提交	100%	完成任務時遇到的問題和解決方案
任務3	低	3	0.5小時	任務完成，並按要求提交	100%	完成任務時遇到的問題和解決方案

❖ 場景 4：撰寫新聞稿

常規提問 （Before）	❓ 幫我寫一篇 200 字的新聞稿，主題是「將 AI 技術應用於寫作」。
反覆式提問 （After）	❓ 我想寫一篇新聞稿，主題是「將 AI 技術應用於寫作」，請幫我生成一個寫作提綱。
	🅐 （AI 的回答，略）
	❓ 請根據我提供的寫作目標和具體要求修改提綱，生成一個新的寫作提綱。
	🅐 （AI 的回答，略）
	❓ 請根據我提供的具體素材和案例，結合以上提綱，生成一篇 500 字的新聞初稿。
	🅐 （AI 的回答，略）
	❓ 請將新聞初稿中○○部分的觀點刪除，在○○部分增加專家觀點，重新生成一篇 500 字的新聞稿。
	🅐 （AI 的回答，略）
	❓ 請用《○○日報》的風格調整這份稿件，並檢查錯字和病句，重新生成 500 字的新聞稿。
	🅐 （AI 的回答，略）

❖ 場景 5：產品設計

常規提問 （Before）	❓ 我要為 5 歲的小孩設計一款電子錶，請為我提供一個設計方案。
反覆式提問 （After）	❓ 我要設計一款新型的兒童電子錶。對於 5 歲兒童來說，電子錶最重要的功能應該包括哪些方面？
	🅰 （AI 的回答，略）
	❓ 定位與即時通訊是保障 5 歲兒童人身安全的重要功能。從家長的角度來看，這兩個功能應該具備哪些特點，才能使產品有更全面、更貼心的使用體驗？
	🅰 （AI 的回答，略）
	❓ 外觀設計和娛樂功能對 5 歲兒童來說有吸引力，但家長對此的關注度不高。本款電子錶的主要消費群體是家長，使用群體是 5 歲兒童，如何平衡外觀設計和娛樂功能，以滿足雙方的需求？
	🅰 （AI 的回答，略）
	❓ 請根據以上討論的重點，生成一個針對 5 歲兒童的電子錶的產品設計方案。
	🅰 （AI 的回答，略）

> **實用案例**

使用反覆式提問的基本思路是不斷提出問題,再根據 AI 的回答精進問題。這種方法可應用於以下場景。

1. 電商領域：分析數據,改進推薦演算法

藉由反覆式提問,AI 可以根據使用者的歷史購買行為和偏好,幫電商平台分析、改進推薦演算法,提高使用者購買轉化率和留存率,同時也可以提高平台整體獲利。

例如：某線上電商平台希望提高用戶購買轉化率和留存率,並增加整體獲利,就可以利用反覆式提問,讓 AI 幫忙分析使用者的歷史購買數據,以改進其個性化推薦演算法。

- ❓ 如何利用舊用戶的歷史購買數據和瀏覽數據,改進推薦算法以提高推薦精準度？
- ❓ 如何針對新用戶提供個性化的推薦,提高其購買轉化率和留存率？
- ❓ 如何改進推薦演算法,以提高新、舊用戶購買轉化率和留存率？
- ❓ 如何根據使用者行為數據調整推薦演算法,以適應所有使用者購買行為的變化？
- ❓ 如何平衡推薦演算法的精度和效率,提高平台整體獲利？

2. 遊戲開發：根據玩家資料，提升使用滿意度

在遊戲開發過程中，開發人員可以告知 AI 玩家的喜好和習慣等訊息，經由反覆式提問，讓 AI 分析遊戲的體驗感、難度、趣味性等，為遊戲的進一步升級提供更加精準的方向指導，從而不斷改良遊戲，提高玩家滿意度。例如以下的示例：

> ❓ 根據我所提供的玩家數據和資料，請告訴我，如何讓玩家在遊戲中體驗更流暢的操作？
>
> ❓ 根據我所提供的玩家數據和資料，請告訴我，如何讓遊戲更公平，避免出現不平衡的遊戲機制和不合理的道具搭配？
>
> ❓ 根據我所提供的玩家是具和資料，請告訴我，如何增強玩家的成就感，使他們願意投入更多時間和精力來提高遊戲技能？

注意事項

1. 使用反覆式提問，提問者需要不斷給予 AI 明確的回饋，才能讓 AI 更精準了解提問者的需求，從而持續優化答案。
2. 儘量提供與問題相關的訊息，以便 AI 理解問題的背景、約束條件和相關因素，從而提高答案的相關性和適用性。
3. 反覆式提問注重反覆提問和逐步修改，提問者可以對AI生成的答案做思考和調整，進一步優化提問策略、調整問題的內容，就可以逐漸接近最佳答案。

3-3
進階式提問：循序漸進處理複雜訊息

　　假設你是一名銷售經理，想提高團隊的銷售業績，你會如何藉由提問，引導團隊成員制訂更好的方案？

提問一

　　銷售經理：小李，你準備怎麼提升銷售業績？

　　小李聽你這麼問，要麼很茫然，不知道怎麼回答；要麼長篇大論，但很多是無效的建議。

第 3 章　精通：把 AI 變成你的萬能助手

提問二

　　銷售經理：小李，你現在的銷售業績是多少？

　　小李：（回答，略）

　　銷售經理：小李，你覺得這個月沒有達到預期目標的原因是什麼？

　　小李：（回答，略）

　　銷售經理：小李，你覺得應該如何改變自己的銷售策略？是否需要改變目標客戶群？需要增加行銷投入的預算嗎？

　　小李：（回答，略）

　　在這個場景裡，提問二就是典型的進階式提問，這種提問方法能使小李的思路越來越清晰，並逐漸找到有效的解決方案以提高銷售業績。

　　進階式提問有利於提問者和 AI 做更好的溝通和交流，使 AI 能循序漸進處理複雜訊息，從而高效解決難題。

　　什麼樣的指令是好的進階式提問指令？請試著對比分析以下提問。（以下省略 AI 回答的部分）

常規提問 （Before）	❓ 你這次旅行怎麼樣？
進階式提問 （After）	❓ 你去哪裡旅行了？
	❓ 你去的那個地方有什麼好玩的和好吃的？
	❓ 那個地方有沒有什麼特別的風景或者建築？你有沒有遇到什麼有趣的人和事？
	🅰️ 這次旅行你有什麼感想？

對比可見，好的進階式提問指令通常導向明確，聚焦於問題的核心：由簡單到複雜、由表面到深層，且具有一定的開放性，能夠促使回答者從更多角度思考問題。

進階式提問可以根據不同層級，如1級提問、2級提問、3級提問、4級提問等，進行結構化設計。

需要特別注意的是，由於進階式提問是逐步深入的，問題的難度和深度會不斷增加，因此提問者需要具有相關的知識儲備，否則就無法得到更詳細和更準確的答案。

以下是進階式提問在不同場景下的應用案例。（僅展示AI回答的部分內容）

❖ 場景1：創作一篇小說

常規提問 （Before）	❓ 我想寫一篇懸疑小說，應該怎麼寫？

（接下頁）

第 3 章　精通：把 AI 變成你的萬能助手

	AI 確定故事情節和角色…… 創造緊張感和懸念…… 保持邏輯性和真實感…… 利用細節刻畫人物…… 留下伏筆和反轉空間……
進階式提問 （After）	**❓**（1 級提問）創作一篇懸疑小說要做哪些準備？
	AI 確定故事情節…… 塑造角色…… 掌握節奏…… 描述環境…… 留下伏筆……
	❓（2 級提問）如何塑造嫌疑人物？
	AI 刻畫人物形象…… 製造動機…… 製造證據…… 製造誤導性線索…… 描述嫌疑人物的行為和心理……
	❓（3 級提問）如何創造緊張和懸疑氛圍？
	AI 設定一個引人入勝的開篇…… 經由場景、人物刻畫和對話來傳遞訊息…… 隱藏關鍵訊息…… 利用第一人稱敘述、多人稱敘述、交叉敘述等不同敘述手法……
	❓（4 級提問）如何逐步揭示令讀者意想不到的真相？
	AI 留下伏筆…… 利用對比…… 利用反轉…… 利用懸念……

183

❖ 場景 2：商品市場調研

常規提問 （Before）	❓ 我想了解當下的手機市場情況。 🅐 5G手機越來越普及…… 智慧化趨勢明顯…… 外觀設計越來越受重視…… 智慧手機市場競爭激烈…… 二手市場日益熱門……
進階式提問 （After）	❓（1級提問）市場上主要有哪些手機品牌？ 🅐 A品牌、B品牌、C品牌、D品牌、E品牌。 ❓（2級提問）這些品牌的市場占有率排名如何？ 🅐 這些品牌的市場占有率排名從高到低，依次是A品牌、B品牌、C品牌、D品牌、E品牌。 ❓（3級提問）為什麼這些品牌在市場上如此成功？ 🅐 A品牌、B品牌積極投入研發與創新；C品牌、D品牌則在價格與性價比方面具備競爭優勢；E品牌則著重於行銷策略與通路佈建。

❖ 場景 3：求職條件評估

常規提問 （Before）	❓ 根據我提供的訊息，評估我是否符合這家公司的招聘要求。
進階式提問 （After）	❓ 對比我的簡歷和這家公司的招聘廣告，評估我能否勝任這個職務。

（接下頁）

	❓ 要想應聘這個職務,我的優勢是什麼?劣勢是什麼?
	❓ 我的工作經歷中有哪些經驗是超越這個職務要求的?這些經驗可以為這個職務的工作帶來哪些價值?我要如何加強履歷表?
	❓ 若想成功應聘這個職位,我應該如何補強我的缺點?請給具體措施。

❖ 場景 4:閱讀學術文獻

常規提問 (Before)	❓ 這篇學術文獻的主要內容是什麼?關於這個主題有哪些前沿的研究成果和觀點?
進階式提問 (After)	❓ 這篇學術文獻的主題是什麼?主要研究內容是什麼?研究成果是什麼?
	❓ 這篇學術文獻貢獻了哪些前沿觀點?
	❓ 這篇學術文獻中提到的觀點,對我的學術論文寫作有哪些幫助?

❖ 場景 5：英語學習方法

常規提問 （Before）	❓ 怎樣學好英語口説？
進階式提問 （After）	❓ 如何提高英語口説的流暢度和發音準確性？
	❓ 如何有效增加自己的英語詞彙量？
	❓ 如何克服英語口説中的發音難點？如何減少語法錯誤？

實用案例

進階式提問能在原有問題的基礎上深入挖掘，使我們的認知更加具體、深刻，幫助我們更理解問題，並找到解決問題的方法。

1. 健身指導：借助 AI 制定科學的健身計畫

經由進階式提問，健身者可以讓 AI 分析個人身體狀況和需求，制訂更詳細、更客制化的健身計畫。

例如：先向 AI 提供健身者的年齡、體重、病史、飲食習慣、閒暇時間等背景訊息，然後使用進階式提問與 AI 對話。（省略 AI 回答的部分）。

第 3 章　精通：把 AI 變成你的萬能助手

> ❓（1 級提問）請根據我的身體狀況和健身目標，告訴我如果想增強心肺功能，有哪些有氧運動可以選擇？
>
> ❓（2 級提問）請根據我的身體狀況和健身目標，幫我制訂一份適合我的有氧運動計畫。
>
> ❓（3 級提問）請根據我的身體狀況和健身目標，幫我分析如何結合有氧運動和無氧運動，來提高體能和肌力。

2. 金融風險評估：借助 AI 做風險評估

經由進階式提問，我們可以讓 AI 評估風險，再依次深入了解風險的類型、影響、發生可能性、控制措施等之後，逐步完善風險評估的細節。

同時，AI 還能幫助我們思考更多可能性和情景，有助於面對未知風險和變數。例如想買某檔股票時，可以經由進階式提問，讓 AI 評估風險。

> ❓（1 級提問）這檔股票的歷史表現如何？公司的財務狀況如何？行業前景如何？
>
> ❓（2 級提問）如果該股票行情出現異常波動，應該如何操作？
>
> ❓（3 級提問）基於歷史數據和市場情況，該如何評估該股股票的風險程度？

> **Tips**
>
> 需要提醒的是，AI 技術及應用並非完美，且投資獲利與風險並存，須格外謹慎，故 AI 的評估結果僅能作為參考。

3. 產品研發：讓 AI 生成產品設計方案

經由進階式提問，產品團隊可以借助 AI 更了解用戶需求和行為，進而引導 AI 生成更優秀的產品設計方案。

例如：某款新產品的開發正處於用戶體驗階段，產品經理將用戶的回饋意見和資料告知 AI，交由進階式提問讓 AI 分析、評估產品，並提供產品改善建議。

❓（1 級提問）這款產品的主要功能是什麼？

❓（2 級提問）對用戶來說最重要的功能是什麼？

❓（3 級提問）用戶的哪些需求和痛點，可以經由這款產品得到解決？

❓（4 級提問）用戶有哪些需求，是目前還沒有得到滿足的？

❓（5 級提問）如何經由改善產品，來增強使用者黏性和提高用戶留存率？

第 3 章 精通：把 AI 變成你的萬能助手

> **注意事項**
>
> 1. **明確目標**：在開始進行進階式提問之前，確保自己清楚目標和所需的訊息。明確問題的核心和關注點，才能在進階式提問過程中始終聚焦於主題。
> 2. **層次分明**：提問者要從簡單到複雜、由表面到深層，逐步提高問題的難度、增加問題的深度，以確保每個級別的問題都能夠有意義地引導 AI 進行回答。
> 3. **合理推進**：每個級別的問題都應該在前一個級別問題的基礎上推進，以逐漸引導 AI 做更深入的思考。確保問題之間邏輯關係正確、連貫，才能使 AI 有條理地思考和回答。

3-4 情緒分析提問：讓 AI 更有「人情味」

人與 AI 最大的不同在於：人是情感的動物，而 AI 不帶感情。但這並不妨礙雙方交流，與 AI 交流時可以引導它變得更有「人情味」，從而讓它更了解我們、更精準地滿足我們的需求。

怎樣才能跟 AI 建立好的「人機關係」，讓它更有人情味呢？策略如下。

1. 調整語言風格

與 AI 對話時，可以使用更親切、友好的詞彙和句型，避免過於正式或技術性強的表達。也可以使用表達情感的詞彙，以引導 AI 理解和回應我們的情感狀態。

2. 提供更多背景訊息和資料

AI可以分析之前的對話記錄或問題背景,以理解提問者的意圖和需求,並提供更貼切、更個性化的回答。

3. 進行評價和回饋

對AI的回答進行評價和回饋,可以引導AI不斷分析評價和回饋以改進回答,逐漸提升「人情味」。

例如:中秋節前,你要寄一封問候信給客戶,但不知道該怎麼表達,這時候就可以找AI幫忙。

❓ (**提供上下文背景及調整語言風格**)馬上要到中秋節了,我要寄一封問候信給客戶,請幫我寫這封信,並充分表示我的尊敬。

🅰 尊敬的○○○:
中秋佳節即將來臨,希望能藉此機會向您表達尊敬與感激之情。
(更多內容,略)

❓ (**進行評價和回饋**)我覺得尊敬之情的表達不夠充分,請你再讓語言更富有情感。

🅰 尊敬的客戶:
我懷著無比崇敬和由衷的情感,向您致以最深的問候和最誠摯的祝福!在中秋佳節來臨之際,想向您表達我對您的無盡敬意和深深的感激之情。
(更多內容,略)

藉由情緒分析提問，可以訓練 AI 並引導它模仿人類表達情緒和感受，從而讓 AI 生成的內容更有「人情味」的提問方式。更多情緒分析提問的應用案例如下。

應用場景	情緒分析提問
員工情感評估	從員工對公司的評價中，你可以感受到員工的哪些情緒？
客服評鑑	這段人工客服對話中，使用者的感受如何？可以從哪些方面精進人工客服的功能？
媒體監測	○○品牌在大眾心目中的形象如何？請用正面、中性或負面做評價，並描述原因

實用案例

與 AI 交流時，善用情緒分析提問，可以提升 AI 在某些溝通場景中的溝通效率和品質，並制訂更好的策略。

這種提問方式還可以應用在很多場景中，例如企業招聘、心理諮詢等領域，使企業更能滿足客戶需求，提高成交率。

1. 企業招聘：讓 AI 幫你聘僱合適的員工

在招聘過程中使用情緒分析提問，可以幫助面試官更能評估應試者的情緒管理能力、人際交往能力和情商。

> ❓ 我是一名面試官,請你提供一個開放性問題讓應試者回答,我想藉由這個問題了解對方的情緒或感受。
>
> 🅰️「當您面對一項挑戰或者困難時,通常會如何應對?請分享一個曾在這種情況下的經歷和感受。」
>
> ❓ 請你發想一個問題,讓應試者回顧過去的工作或職場經歷,並評估他們在壓力下的情緒表現。
>
> 🅰️「回想一個你曾在工作中面臨巨大壓力的情況,是如何管理自己的情緒的?」

2. 心理諮詢:幫助患者更有效應對情緒問題

在心理諮詢中使用情緒分析提問,可以幫助諮詢師更了解患者的情緒狀態、情感體驗及潛在的心理問題。

> ❓ 請提供一個開放性問題,來探索患者當前的情緒狀態。
>
> 🅰️「你現在的情緒怎麼樣?」或者「有沒有什麼特定的事情讓你感到憂慮或不安?」
>
> ❓ 如何向患者提問,來了解其情緒波動的觸發因素?
>
> 🅰️「你有注意到哪些特定的情境或事件,會引發你的情緒產生變化嗎?」
>
> ❓ 引導患者探索情緒的積極面,並幫助他們尋找積極情緒的來源和觸發因素。

(接下頁)

> **AI**「你有沒有感受到某些積極的情緒?這些情緒是如何產生的?有哪些活動或人,與之相關聯?」

注意事項

1. 提問之前,先明確想要分析的情緒類型:是針對正面情緒、負面情緒還是中性情緒進行分析。先做好卻確定目標的動作,有助於提問者更準確分析和解讀 AI 的答案。
2. 儘量避免在問題中包含主觀假設或個人偏見,AI 進行情緒分析應該基於客觀的數據和文本內容,而不是提問者的主觀判斷。

3-5
複合型提問：
獲取多層面的資訊

某報社刊登一篇關於「xx科技公司發佈最新產品」的新聞報導，你打算向一位看過這篇報導的同事打聽相關訊息，該如何提問呢？

提問一

「這篇報導提到哪個科技公司的最新產品？」

如果這麼問，你只能知道產品屬於哪家公司。

提問二

「這篇報導提到了哪個科技公司的最新產品？產品的名稱是什麼？」（**基本資訊面向**）

「新產品具備哪些獨特的功能或技術特點？」（**技術**

細節面向）

「這個新產品預計會對市場產生怎樣的影響？是否有競爭對手？」（**市場影響面向**）

「報導中是否提到了使用者對新產品的回饋或評價？」（**使用者體驗面向**）

提問二能確保你全面了解該篇新聞報導的訊息，相比之下，提問一提出的是單一問題，無法涵蓋更多面向的訊息。

在這個場景裡，提問二使用了複合型提問，提問者從多面向入手，提出更具體的問題，從而能獲得了更全面和更準確的答案。

經由複合型提問，提問者可以讓AI從不同面向回答問題，從而得到更完整、更深入、更準確的答案。接著，請試著對比分析以下電影評價場景下的不同提問方式。

常規提問 （Before）	❓《星際效應》這部電影怎麼樣？
複合型提問 （After）	❓（影片評價面向）《星際效應》得到了哪些積極的評價？ （劇情面向）《星際效應》的劇情有何特點？是否有懸疑元素？ （導演風格面向）導演克里斯多福・諾蘭在這部電影中有何獨特的創作風格？

（接下頁）

> （**角色表演面向**）主角的表演如何？是否有突出的演技表現？
> （**視覺效果面向**）電影的視覺效果如何？是否有令人印象深刻的特效場景？

好的複合型提問，是指提問者從不同面向思考後，先獲取相關訊息，再提出具體的問題，從而獲得更清晰、明確的答案。

如果提問者對於想分析的問題，不知道該從哪些方面研究起，可以先詢問 AI，然後從 AI 給的多個面向中挑選，再繼續向 AI 提問，從而得到想要的答案。我們來看複合型提問在幾個不同場景下的應用案例。

❖ 場景 1：評價手機性能

> ❓ 可以從哪些面向評價○○手機？請提供具體的提問示例。
>
> 🅰 1. 性能面向：這款智慧手機的性能如何？有哪些優點和缺點？
> 2. 拍攝功能面向：這款智慧手機的拍攝功能如何？是否有專業級拍攝能力？
> 3. 用戶體驗面向：用戶使用體驗如何？例如操作流暢性、電池續航能力。
>
> ❓ 請從以上 3 個面向幫我評價這款手機
>
> 🅰 使用者普遍認為這款智慧手機的性能表現出色。它的處理速度快、運行流暢，能夠同時處理多個任務。其優點包括強大的處理器、記憶體容量大和高速存儲，缺點是可能在高負荷使用時，會出現發熱現象……

❖ 場景 2：分析會議報導

> ❓ 若想分析一場會議報導，可以從哪幾個面向展開？請提供具體的提問示例。
>
> 🅰 1. 會議議程面向：報導中提到的主要議程是什麼？
> 2. 重要發言人面向：哪些重要人物在會議上發表了談話？他們提到了哪些關鍵訊息？
> 3. 會議成果面向：報導中提到該會議取得了哪些重要成果，或達成了哪些共識？
> 4. 影響力面向：這個會議對相關領域的發展和國際合作有何影響？
>
> ❓ 請從以上 4 個面向，幫我分析這篇報導。（報導的內容，略）
>
> 🅰 報導中提到，會議的主要議程包括主題演講、小組討論、分論壇等。具體的議程可能包括不同主題的演講、專題討論以及與會者之間的交流互動。
> 報導中指出，在會議上有多位重要人物發表談話，例如行業領袖、專家學者或政要。他們可能提到了當前領域的熱門議題、最新的研究成果、政策倡議等關鍵訊息……

❖ 場景 3：分析並評價飯店

> ❓ 若要評價一間飯店，可以從哪些面向著手？請提供具體的提問示例。
>
> 🅰 1. 服務品質面向：評論中是否提到這家飯店的服務品質如何？有哪些優點和缺點？
> 2. 餐飲體驗面向：評論中有人提及用餐體驗嗎？如何評價餐廳的菜品和服務？
> 3. 房間設施面向：評論中提到了房間設施和舒適度嗎？該飯店是否有高級房型可選？

（接下頁）

4. 地理位置面向：評論中是否提及地理位置和交通便利性？飯店
      是否靠近主要景點或商業區？

❖ 場景 4：分析並評價論文

> ❓ 評價一篇論文可以從哪些面向著手？請提供具體的提問示例。

> 🅰 1. 研究目的面向：這篇論文的研究目的是什麼？它解決了哪些醫
>   學領域的問題？
>   2. 方法和數據面向：論文使用了哪些人工智慧技術和數據集進行
>   研究？數據的有效性如何？
>   3. 實驗結果面向：研究結果顯示人工智慧在醫學領域的應用效果
>   如何？是否有顯著的改進或突破？
>   4. 應用前景面向：論文中是否討論了人工智慧在醫學領域的應用
>   前景？它對醫學研究和臨床實踐有何影響？

❖ 場景 5：調查品牌

> ❓ 調查一個品牌可以從哪些面向著手？請提供具體的提問示例。

> 🅰 1. 關鍵話題面向：報告中提到的哪些關鍵話題與該品牌有關？這
>   些話題在輿論中的表現如何？
>   2. 情感傾向面向：社交媒體用戶對該品牌的情感傾向如何？有積
>   極的評論或負面批評嗎？
>   3. 用戶參與面向：報告中是否提到了用戶在社交媒體上與該品牌
>   的互動？是否有使用者回饋的內容？
>   4. 品牌形象面向：報告是否討論了該品牌在社交媒體上的形象和
>   聲譽？有什麼關鍵觀點或觀察結果？

實用案例

與 AI 進行交流時,使用複合型提問可以使 AI 更深入探索主題、更能滿足提問者的需求,並提高雙方對話的品質。以下是複合型提問應用在其他領域的案例。

1. 文章創作:讓 AI 幫你提升文章可讀性

以下是創作一篇題目為《PPT是職場人必備技能》的文章時,使用複合型提問的示例。

> **❓** 我在創作一篇題目為《PPT是職場人的必備技能》的文章,可以從哪些面向搭建文章的架構?請提供具體的提問示例。
>
> **AI** 1. 技巧面向:如何佈局和設計PPT,以提高簡報時的吸引力?
> 2. 內容組織維度:在一次職場簡報中,如何合理組織內容以保持邏輯的連貫性?
> 3. 視覺化表達面向:如何運用圖像、圖表和圖示等視覺化元素,來增強簡報的效果?
> 4. 演講技巧面相:有什麼技巧可以幫助職場人在簡報中保持自信,引起觀眾的興趣?
>
> **❓** 請從內容組織面向和演講技巧面向,提供內容上的建議。
>
> **AI**(AI 的回答,略)

2. 歷史研究：讓 AI 幫你理解前因後果

在歷史研究領域，使用複合型提問可以讓 AI 幫你更全面理解歷史事件。

❓ 我想系統化學習辛亥革命這一歷史事件，應該從哪些面向著手？請提供具體的提問示例。

🅰 1. 事件背景面向：這個事件發生的具體時間和地點是什麼？
 2. 影響面向：這個事件對當時的社會產生哪些影響？
 3. 相關人物面向：與這個事件相關的人物有哪些？他們在事件中扮演什麼角色？
 4. 成因面向：這個事件發生的原因是什麼？

❓ 請從影響層面和成因層面，幫我分析這一歷史事件。

🅰 （AI 的回答，略）

┤ **注意事項** ├

1. 確保生成的問題具多樣性：避免提問過於單一或集中於特定方面，要探索主題的不同面向和層面。
2. 使用複合型提問後，需檢查 AI 所生成結果的準確性和可讀性，並修改對需要改進的部分。

國家圖書館出版品預行編目（CIP）資料

秒懂AI提問：讓人工智慧提升你的工作效率／秋葉、劉進新、姜梅、定秋楓著. -- 新北市：大樂文化有限公司，2025.08
208面；14.8×21公分.-- （優渥叢書Business；100）
原簡體版題名：秒懂AI提問：讓人工智慧成為你的效率神器
ISBN 978-626-7745-11-3 （平裝）

1. 人工智慧　2. 工作效率　3. 職場成功法

312.83　　　　　　　　　　　　　　　　　　114009413

Business 100

秒懂 AI 提問

讓人工智慧提升你的工作效率

作　　者／秋葉、劉進新、姜梅、定秋楓
封面設計／蕭壽佳
內頁排版／王信中
責任編輯／林育如
主　　編／皮海屏
發行專員／張紜蓁
財務經理／陳碧蘭
發行經理／高世權
總編輯、總經理／蔡連壽
出 版 者／大樂文化有限公司
　　　　　　地址：220新北市板橋區文化路一段268號18樓之一
　　　　　　電話：（02）2258-3656
　　　　　　傳真：（02）2258-3660
詢問購書相關資訊請洽：2258-3656
郵政劃撥帳號／50211045　戶名／大樂文化有限公司

香港發行／豐達出版發行有限公司
地址：香港柴灣永泰道70號柴灣工業城2期1805室
電話：852-2172 6513　傳真：852-2172 4355

法律顧問／第一國際法律事務所余淑杏律師
印　　刷／韋懋實業有限公司

出版日期／2025年8月25日
定　　價／260元（缺頁或損毀的書，請寄回更換）
ＩＳＢＮ／978-626-7745-11-3

版權所有，侵權必究　All rights reserved.
本著作物，由人民郵電出版社獨家授權出版、發行中文繁體字版。
原著簡體字版書名為《秒懂AI提問：讓人工智能成為你的效率神器》。
非經書面同意，不得以任何形式，任意複製轉載。
繁體中文權利由大樂文化有限公司取得，翻印必究。

優渥叢書

優渥叢書

優渥叢書

優渥叢書